KB169006

일상에 달콤함을 더하는 라쁘띠의 디저트 타임

MACARON & DACQUOISE

마카롱
&
다쿠아즈

LA PETIT

Prologue / 프롤로그

'망카롱'에 속상했던 분들께 도움이 되었으면 해요.

제가 마카롱과 다쿠아즈를 처음 먹었던 그 날이 아직도 선명합니다.
2010년 르노뜨르 매장에서의 첫 만남은 정말 인상적이었어요. 사진을 보면서 항상 어떤 맛일까 궁금
했었는데 직접 먹어본 뒤 한입에 반해버리고 말았죠. 그때 맛봤던 마카롱은 크기도 작고 필링도 아주
소량 들어 있었던 클래식마카롱이었는데, 꼬끄와 필링이 정말 조화로워 제 마음을 사로잡았어요. 그
맛을 본 뒤 직접 만들어보고 싶다는 생각이 들었고, 그때부터 프랑스제과에 관심을 갖기 시작했어요.

집에서 처음 만들어 본 마카롱은 정말 '망카롱'이었어요. 생각과는 다르게 맛도 모양도 제대로 나오
지 않았죠. 몇 번이고 다시 만들어 봤지만 그때는 지금과 달리 정확한 정보가 없을 때라 제대로
만들고 있는지 아닌지도 알 수 없었어요. 계속된 실패에 마카롱에 대한 관심도 서서히 식어가며 시
무룩해있었던 기억이 나네요.

하지만 여기서 포기할 수는 없었어요. 한번 시작한 거 제대로 배워보자는 생각에 바로 학원부터 등
록했죠. 마카롱을 제대로 처음 만든 건 재료에 대한 이해와 특징을 공부하고 나서였어요. 공부를 하
면 할수록 점점 더 마카롱의 매력에 빠졌고, 나중에 내 가게에서 꼭 마카롱을 팔아야지 하는 마음을
먹었습니다.

시간이 흘러 제 이름을 내건 매장을 오픈하고 나서도 끊임없는 실패를 경험했어요. 마카롱 꼬끄는
머랭의 상태, 날씨, 계절, 재료의 보관상태 등에 따라 영향을 많이 받다보니 만들면 만들수록 어렵더
라고요. 클래스를 진행하면서도 모든 분들의 문제에 답을 해드리려면 제가 먼저 그 문제를 겪어보
고 해결해봐야 도움을 드릴 수 있기 때문에 엄청난 재료들을 버려가며 연습했던 기억이 납니다.

이렇게 수많은 시행착오를 거치며 지금의 라쁘띠로 거듭났는데요. 지금은 베이킹 클래스도 많고 유
튜브나 포털사이트 등에서도 쉽게 정보를 찾을 수 있지만, 라쁘띠만의 마카롱과 다쿠아즈를 소개해
드릴 수 있는 좋은 기회라고 생각해서 책을 쓰게 되었습니다. 책에 나와 있는 레시피는 현재 라쁘띠
에서 인기가 많은 종류만 골라서 담았어요. 그동안 마카롱과 다쿠아즈를 만들면서 실패를 겪었던
분들이 계신다면 이 책이 여러분들의 고민을 해결해주었으면 합니다.

마지막으로 매장 운영 때문에 진도가 늦어져도 재촉하지 않으시고 많은 도움을 주신 시대인 담당자
님과 예쁜 사진을 찍어준 오빠님께 무한감사를 전합니다.

LA PETIT 정인서

Contents / 목차

PART 2

DACQUOISE
다쿠아즈

Chapter 1 **다쿠아즈 시트 만들기**

Chapter 2 **다쿠아즈**

[마카롱 & 다쿠아즈
기초]

Tool & Material

도구 & 재료

마카롱과 다쿠아즈를 만드는 데 있어서 가장 기본이 되는 도구와 재료를 소개합니다. 각 도구의 사용법을 숙지하고, 재료의 특성을 미리 파악해두면 보다 완성도 높은 제품을 만들 수 있습니다.

그렇다고 해서 여기에 적힌 모든 도구와 재료를 구매할 필요는 없습니다. 자신이 만들고자 하는 제품의 레시피를 먼저 확인하고 내가 가지고 있는 것과 대체할 수 있는 것을 확인한 뒤 구매해도 늦지 않습니다.

Tool / 도구

❶ 믹싱볼

머랭을 올리거나 각종 반죽을 섞을 때 사용합니다. 믹싱볼은 스테인리스, 플라스틱, 유리 등 다양한 종류가 있는데요. 플라스틱은 휘핑하는 과정에서 흠집이 생기기 쉽고, 유리는 무겁고 깨질 우려가 있기 때문에 스테인리스로 준비하는 것이 가장 좋습니다. 믹싱볼을 크기별로 다양하게 구비해두면 상황에 맞게 사용할 수 있습니다.

❷ 체(가루체, 분당체)

가루 재료는 곱게 체에 내려 사용합니다. 가루체는 박력분이나 아몬드가루의 뭉친 덩어리나 불순물을 걸러낼 때 사용하는데, 이 과정에서 가루 재료 사이사이에 공기가 들어가 재료를 더 쉽게 섞을 수 있습니다. 분당체는 다쿠아즈 시트에 슈가파우더를 뿌리거나 완성된 제품 위에 데커레이션을 할 때 주로 사용합니다. 분당체는 일반 가루체보다 촘촘하기 때문에 훨씬 더 곱게 내릴 수 있습니다.

❸ 짤주머니

반죽이나 크림을 담아 짤 때 사용합니다. 편리성과 위생을 위해 비닐로 된 짤주머니를 가장 많이 사용하지만 실리콘이나 천으로 된 짤주머니도 있습니다. 주로 14인치와 18인치를 사용하며, 끝 부분을 잘라 바로 사용하거나 깍지를 껴서 모양을 내기도 합니다.

❹ 플라스틱 컵

짤주머니 안에 반죽이나 크림을 쉽게 담을 수 있도록 짤주머니를 씌워 사용하는 컵입니다. 플라스틱 컵이나 비커 등을 이용하면 좋습니다. 만약 아무것도 없다면 큰 물컵에 씌우거나 그냥 손으로 짤주머니를 잡고 사용해도 큰 문제는 없습니다.

⑤ 깍지

마카롱 꼬끄나 다쿠아즈 시트, 크림을 짤 때 사용합니다. 책에서는 주로 804(1cm), 805(1.2cm), 809(2cm), 867K(12별), 198K(상투과자)깍지를 사용했습니다. 깍지를 사용하면 반죽을 균일하게 짤 수 있음은 물론 모양을 내서 짜는 것도 가능합니다.

⑥ 계량컵

액체 재료의 양을 계량하거나 섞을 때 사용합니다. 책에서는 가나슈 등을 만들 때 사용했습니다.

⑦ 스크래퍼

반죽을 자르며 섞거나 평평하게 만들 때 사용합니다. 책에서는 짤주머니에 넣은 반죽을 밀어서 끝으로 모으거나, 다쿠아즈 틀의 윗면을 긁어 반죽을 평평하게 만드는 용도로 사용합니다.

⑧ 테프론시트지

반죽을 짤 때, 도안 위에 올려놓고 사용합니다. 반죽이 팬에 직접적으로 닿는 것을 막아주는 역할을 한다는 점에서 유산지와 비슷해 보이지만, 테프론시트지는 실리콘 재질로 만들어져 있어 반영구적으로 사용할 수 있다는 장점이 있습니다.

⑨ 마카롱도안

반죽을 일정한 크기로 짤 수 있게 도와주는 원형 도안입니다. 책에서는 4.5cm를 기준으로 사용합니다.

⑩ 토치

부탄가스를 직접 연결해서 불을 내는 도구입니다. 여기서는 '크렘 브륄레 마카롱(p.66)'을 만들 때 꼬끄 윗면의 설탕을 녹이기 위해 사용합니다.

⑪ 온도계

제품의 온도를 측정하는 도구입니다. 주로 시럽을 끓일 때, 정확한 온도를 확인하기 위해서 사용합니다.

⑫ 미니 L자 스패츌러

다쿠아즈 시트를 만들 때, 틀 윗면의 반죽을 정리하거나 반죽의 비어있는 부분을 채워주는 용도로 사용합니다.

⑬ 알뜰주걱

마카롱 꼬끄를 만들 때 마카로나주를 하거나 다쿠아즈 반죽을 섞을 때 사용합니다. 면적이 넓기 때문에 재료를 쉽게 섞을 수 있으며, 주걱의 끝 부분이 말랑해서 볼의 옆면을 깔끔하게 긁으며 정리할 수 있습니다.

⑭ 손거품기

소량의 간단한 재료를 섞을 때 사용합니다.

⑮ 전자저울

베이킹에서 가장 중요한 도구로 재료를 계량하는 데 사용합니다. 베이킹은 1g에 따라 제품의 완성도가 달라지기 때문에 정확한 계량을 위해서는 반드시 준비해야 합니다. 저울은 g단위로 측정할 수 있는 전자저울을 사용하는 것이 좋습니다.

⑯ 실리콘주걱

잼, 소스 등 뜨거운 재료를 끓일 때 사용합니다. 실리콘 재질은 열에 강하기 때문에 다른 재질의 주걱보다 안전하고 위생적으로 사용할 수 있습니다.

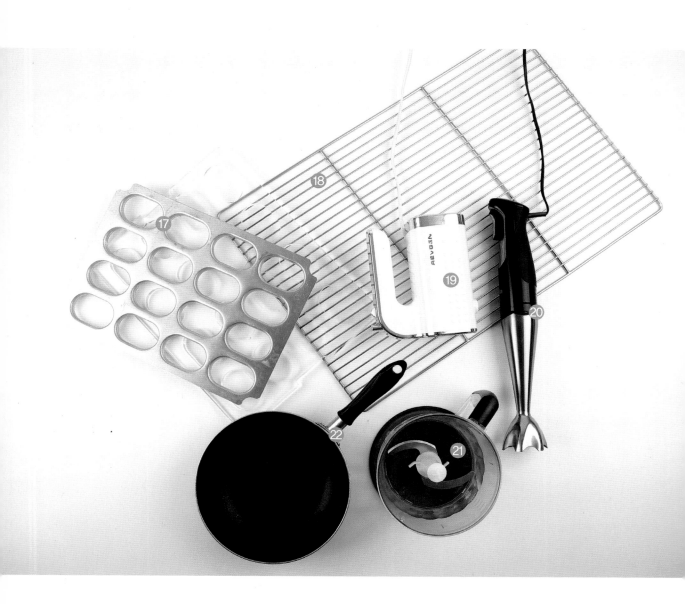

⑰ 다쿠아즈 틀

다쿠아즈 반죽의 모양을 만들 때 사용하는 틀입니다. 스테인리스와 아크릴 틀이 있으며, 두 가지 중 한 가지만 있어도 무방합니다. 만약 틀이 없다면 마카롱과 마찬가지로 도안 위에 테프론시트지를 깔고 짤주머니로 짜 모양을 만들 수도 있습니다.

⑱ 식힘망

다 구운 마카롱 꼬끄를 식힐 때 사용합니다. 식힘망을 사용하면 위아래를 골고루 식힐 수 있습니다.

⑲ 핸드믹서

달걀흰자로 머랭을 올리거나 크림을 만들 때 사용합니다. 핸드믹서가 없다면 손거품기를 사용해도 무방하지만, 손거품기의 경우 시간도 오래 걸리고 머랭을 올리기 어려우니 가급적 핸드믹서를 권장합니다.

⑳ 핸드블랜더

과일을 끓인 다음 갈아서 잼을 만들 때 사용합니다.

㉑ 푸드프로세서

마카롱 꼬끄에 들어가는 아몬드가루와 슈가파우더를 갈 때 사용합니다. 꼬끄를 만들기 전 가루 재료를 곱게 갈아주면 완성 후 표면이 매끄러워집니다.

㉒ 냄비

이탈리안 머랭을 만들 때 쓰이는 시럽을 끓이거나, 앙글레즈소스나 캐러멜소스 등을 끓일 때 사용합니다.

Material /재료

❶ 아몬드가루

아몬드가루는 오래되지 않은 신선한 것을 사용합니다. 아몬드가루의 상태가 좋지 않으면 유분이 뜨거나 꼬끄나 시트의 속이 꽉 차지 않을 수 있습니다. 보관할 때는 직사광선이 들지 않는 서늘한 곳에 보관하는 것이 좋고 만약 대량의 아몬드가루를 구매해 사용할 때에는 지퍼백에 소분하여 냉동실에 보관한 후, 사용하기 전에 미리 꺼내 찬기를 빼고 사용하는 것이 좋습니다.

❷ 박력분

밀가루는 글루텐 함량에 따라 강력분, 중력분, 박력분으로 나뉘는데, 박력분은 글루텐 함량이 가장 낮아 바삭하거나 부드러운 식감의 쿠키나 케이크 등을 만들 때 사용합니다. 박력분은 마카롱이나 다쿠아즈를 만들 때 많이 사용되지는 않지만 간혹 다쿠아즈 시트에 머랭을 지탱해주기 위해서 소량 들어가기도 합니다.

❸ 슈가파우더

슈가파우더는 설탕을 곱게 간 것으로 전분이 들어있는 제품과 없는 제품이 있습니다. 설탕에 소량의 전분을 섞은 가루를 슈가파우더라고 하고, 100% 설탕만 간 것을 분당이라고 합니다. 마카롱 꼬끄를 만들 때는 슈가파우더나 분당, 둘 중 아무 것이나 사용해도 좋습니다.

❹ 설탕

단맛을 내는 설탕은 머랭을 올릴 때 주로 사용합니다. 머랭을 올릴 때는 백설탕을 사용하는 것이 좋은데, 황설탕이나 흑설탕을 사용할 경우 머랭의 색이 변해 색소를 넣어도 원하는 색이 잘 나오지 않기 때문입니다.

❺ 달걀(흰자)

달걀은 베이킹의 기본 재료지만, 마카롱이나 다쿠아즈를 만들 때는 달걀흰자만 사용합니다. 달걀은 흰자와 노른자를 분리해 냉장고에서 2~3일 정도 보관한 후에 사용하는 것이 좋은데, 시간이 지날수록 달걀흰자의 알끈이 없어지면서 주르륵 흐르는 물 같은 상태가 되기 때문입니다. 이렇게 묽은 상태일 때 사용해야 머랭을 더 탄탄하게 만들 수 있습니다. 머랭을 만들고 남은 달걀노른자는 크림이나 필링을 만들 때 사용합니다.

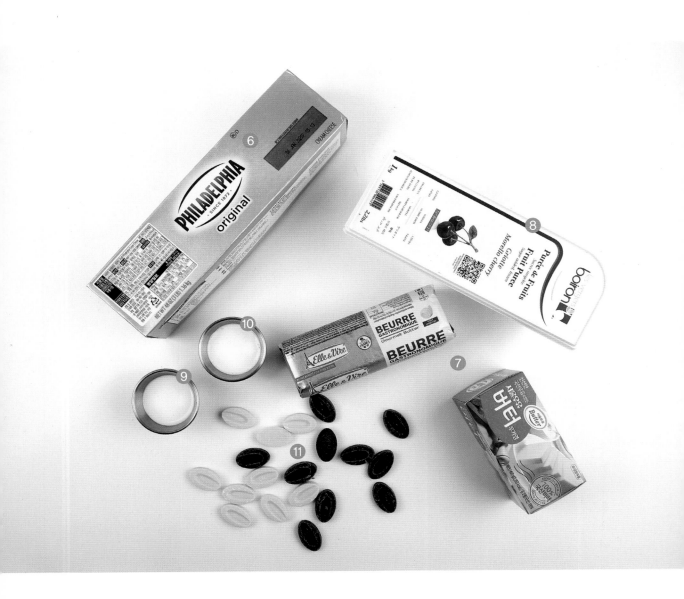

⑥ **크림치즈**

크림치즈는 종류에 따라 맛의 차이가 많이 납니다. 일반적으로는 필라델피아 크림치즈를 주로 사용하는데, 만들고자 하는 제품의 종류에 따라 신맛의 정도를 구분해서 사용하도록 합니다.

⑦ **버터**

버터는 가염버터와 무가염버터 / 발효버터와 일반버터로 나뉩니다. 베이킹에 사용할 때에는 무가염버터를 사용하는 것이 좋고 주로 서울우유 버터나 엘르앤비르 고메버터 등을 사용합니다. 버터는 냉동 보관 상태로 판매하니 사용하기 전 냉장실이나 실온에서 해동시킨 후 사용하는 것이 좋습니다.

※ 냉장 상태로 구매한 버터는 냉장 보관해도 좋습니다. 단, 유통기한이 임박했거나 대용량으로 구매한 경우엔 소분해서 냉동 보관하도록 합니다.

⑧ **퓨레**

퓨레는 과즙에 당을 넣어서 만든 과즙응축액입니다. 당이 함유되어 있으므로 일반 냉동 과일이나 생과일을 사용할 때보다 설탕의 양을 줄이는 것이 좋습니다. 저는 프랑스 산 브아롱 퓨레를 주로 사용하고 퓨레 대신 잼을 만들어 사용하기도 합니다.

⑨ **생크림**

생크림은 가나슈나 캐러멜소스를 만들 때 사용합니다. 서울우유 생크림 또는 매일우유 생크림을 주로 사용하며, 프레지던트나 엘르앤비르에서 나온 휘핑크림을 사용해도 좋습니다.

⑩ **우유**

우유는 앙글레즈소스를 만들 때 사용합니다. 우유가 들어간 앙글레즈소스는 고소한 맛이 특징인데, 저지방우유를 사용하면 고소한 맛이 많이 떨어지니 일반 우유를 사용하는 것이 좋습니다.

⑪ **초콜릿**

초콜릿은 커버춰초콜릿과 코팅초콜릿이 있는데 커버춰초콜릿은 가나슈를 만들 때 사용하고, 코팅초콜릿은 데커레이션을 할 때 사용합니다. 커버춰초콜릿의 경우 카카오 함량에 따라 단맛에 차이가 있으며, 주로 66% 함량의 발로나 까라이브 또는 70% 함량의 발로나 과나하를 사용합니다.

⑫ 리큐르

리큐르는 브랜디(알코올)에 과실이나 과즙, 감미료 등의 성분을 넣어 만든 혼성주입니다. 종류에 따라 여러 가지로 사용하며 일반적으로 구움과자류에 넣어 풍미를 좋게 만듭니다. 저는 화이트리큐르에 바닐라빈을 넣고 숙성시켜 만든 바닐라익스트랙을 주로 사용하고, 간혹 가나슈에 리큐르를 소량 넣어 풍미를 더합니다.

⑬ 레몬즙

레몬즙은 잼을 만들거나, 제품에 상큼한 맛을 가미하기 위해서 공정 마지막 과정에 소량 사용합니다. 또한 아이싱 등을 만들 때도 사용합니다.

⑭ 바닐라엑기스(바닐라익스트랙)

바닐라엑기스는 바닐라 크림을 만들 때 주로 사용하며, 바닐라 향을 더욱 돋워주기 위해 바닐라빈과 함께 사용합니다. 밀가루의 풋내나 달걀의 비린 맛을 제거해주기도 합니다.

⑮ 바닐라빈

바닐라빈은 크게 마다가스카르 산과 타히티 산 2종으로 나뉘는데 품종에 따라 향이 다릅니다. 사용할 때는 바닐라빈을 세로로 길게 반으로 갈라 안에 있는 씨앗을 긁어 사용합니다. 이때 쓰고 남은 껍질은 설탕이나 화이트럼에 담가두어 바닐라설탕 또는 바닐라익스트랙으로 만들 수 있으며, 말려서 곱게 갈면 바닐라파우더로도 사용 가능합니다.

⑯ 홍차

홍차는 다양한 종류가 있지만 주로 얼그레이를 사용하며, 프랑스산 마리아쥬 프레흐에서 나오는 마르코폴로나 웨딩임페리얼도 많이 사용합니다. 책에서는 트와이닝 얼그레이 티백을 사용했습니다.

⑰ 생과일 or 냉동 과일

과일은 잼을 만들거나 콤포트를 만들 때 사용합니다. 냉동 과일의 경우 단맛이 많이 부족하기 때문에 설탕을 충분히 넣는 것이 좋습니다.

⑱ 견과류

아몬드나 호두, 건포도나 반건조 무화과 등은 베이킹에서 가장 많이 사용하는 견과류입니다. 물론 취향에 따라 다양한 견과류를 사용해도 좋으며, 말린 레몬이나 자몽과 같은 경우에는 데커레이션용으로도 많이 사용합니다.

⑲ 코코아가루 / 말차가루

코코아가루는 카카오를 말린 다음 곱게 간 것으로 초콜릿 제품을 만들 때 첨가해서 사용합니다. 가루가 잘 뭉치기 때문에 체에 내려 사용해야 하며, 발로나 코코아가루가 색감이 진해서 사용하기 좋습니다. 말차가루는 일본산 말차 또는 제주산 말차를 주로 사용합니다. 말차가루가 없다면 녹차가루를 사용해도 좋지만, 선명한 색과 진한 맛을 내고 싶다면 녹차보다는 말차를 사용하는 것이 좋습니다.

⑳ 게랑드 소금

프랑스 산 소금으로 수분을 가지고 있는 정제되지 않은 회색빛의 굵은 소금입니다. 일반 소금에 비해 풍미나 향이 훨씬 좋으며 영양가도 높습니다.

㉑ 탈지분유 / 황치즈가루

탈지분유는 우유의 지방을 제거해 분말 형태로 만든 것으로, 전지분유에 비해서 깔끔한 우유 맛을 내기 좋은 제품입니다. 주로 서울우유 탈지분유를 사용하지만, 만약 탈지분유가 없다면 전지분유를 사용해도 좋습니다. 황치즈가루는 자연 치즈에 색소 및 각종 치즈 향을 넣어 분말화한 가루입니다. 치즈 크림을 만들 때 사용합니다.

㉒ 요거트가루

음료용으로 나오는 요거트가루는 주로 요거트 크림을 만들 때 사용합니다. 단맛이 첨가되어 있어서 요거트가루를 넣을 때는 설탕을 살짝 줄이는 것이 좋습니다.

㉓ 인절미가루, 흑임자가루, 쑥가루

인절미가루, 흑임자가루, 쑥가루는 다른 성분이 함유되어 있지 않은 100% 천연가루를 쓰는 것이 좋으며, 국내산으로 만든 것이 훨씬 고소하고 맛있습니다.

㉔ 쿠키 분태

초코쿠키를 잘게 다진 가루입니다. 보통 초코쿠키 크림이나 데커레이션용으로 사용합니다.

㉕ 식용색소

제품을 화려하게 만들어주는 식용색소는 천연가루보다 색이 훨씬 선명하며 다양한 색을 만들 수 있습니다. 식용색소는 젤타입, 액상타입, 가루타입 등으로 나뉘는데 식약청에서 허가를 받은 제품으로는 윌튼색소, 쉐프마스터색소, 럭스색소 등이 있습니다. 윌튼색소는 소량 사용했을 경우 색바램 현상이 많이 나타나기 때문에 주로 진하게 농축되어 있는 쉐프마스터색소나 럭스색소를 사용하는 것을 추천합니다. 색소를 사용할 때는 한 가지 색보다는 두 가지 이상의 색을 조색을 해서 사용해야 색바램이 덜하고 색도 예쁘게 납니다.

㉖ 그 외 다양한 재료

찰떡, 스프링클, 파에테포요틴, 땅콩버터, 밤페이스트, 초코칩

Butter cream & Filling

버터크림 & 충전물

마카롱과 다쿠아즈에 들어가는 모든 크림의 베이스가 되는 버터크림입니다. 기본 버터크림에 몇 가지 재료만 더하면 얼마든지 다양하게 응용이 가능하기 때문에 미리 만들어두면 쉽게 마카롱과 다쿠아즈를 만들 수 있습니다.

충전물로는 딸기잼과 캐러멜소스 만드는 방법을 소개합니다. 이것 역시 베이킹에서 매우 빈번하게 사용되는 재료들이기 때문에 미리 만들어두는 것이 좋습니다.

버터크림
/
이탈리안 버터크림

Making Cream **분량** 300g   **재료** 물 23g, 설탕A 70g, 달걀흰자 64g, 설탕B 15g, 실온버터 200g

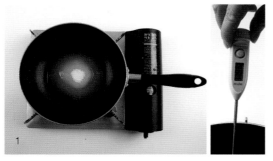

냄비에 물과 설탕A를 넣고 117℃까지 끓여 시럽 형태로 만듭니다.

볼에 달걀흰자와 설탕B를 넣고 휘핑해 머랭을 올립니다.

머랭을 70% 정도 올린 다음, 끓인 시럽을 조금씩 부으며 휘핑해 단단한 이탈리안 머랭을 만듭니다.

이탈리안 머랭에 실온버터를 조금씩 나눠 넣으며 섞습니다.

버터를 완전히 섞은 후, 3~5분간 충분히 휘핑하면 완성입니다.

버터크림

/

파트아봄브 버터크림

`Making Cream` **분량** 300g   **재료** 물 40g, 설탕 96g, 달걀노른자 64g, 실온버터 200g

1

냄비에 물과 설탕을 넣고 117℃까지 끓여 시럽 형태로 만듭니다.

2

볼에 달걀노른자를 넣고 가볍게 푼 다음, 끓인 시럽을 조금씩 부으며 섞어 휘핑합니다.

3

반죽이 뽀얗게 미색으로 변하고 걸쭉해지면 실온버터를 조금씩 나눠 넣으며 섞습니다.

4

버터를 다 넣은 다음 충분히 휘핑해 반죽과 버터가 잘 섞이면 완성입니다.

버터크림

/

앙글레즈 버터크림

Making Cream **분량** 300g **재료** 우유 86g, 달걀노른자 65g, 설탕 45g, 실온버터 200g

냄비에 우유를 붓고 가장자리가 살짝 끓어오를 때까지
끓입니다.

볼에 달걀노른자와 설탕을 넣고 손거품기로 골고루 섞
습니다.

Tip. 달걀노른자에 설탕을 넣고 오래 놔두면 설탕 결정이 생길 수 있으
니 바로 섞어주세요.

달걀노른자와 설탕이 섞이면, 데운 우유를 조금씩 넣어
가며 섞습니다.

섞은 반죽을 체에 내립니다. 체에 내린 반죽은 한번 끓여
야하기 때문에 냄비에 내리는 것이 좋습니다.

5

냄비를 다시 불 위에 올리고 약불에서 83℃까지 데웁니다. 반죽이 바닥에 눌어붙지 않도록 바닥을 저으면서 데워 앙글레즈소스를 만듭니다.

Tip. 달걀노른자는 80℃ 이상에서 살균되기 때문에 83℃까지 데워 노른자를 살균해주세요. 그 이상으로 온도를 올릴 경우 달걀노른자가 익을 수 있으니 온도를 확인하며 데우세요.

6

완성된 앙글레즈소스를 다른 그릇에 옮겨 23℃까지 식힙니다.

7

볼에 실온버터를 풀어준 후, 6번의 앙글레즈소스를 넣고 섞으면 완성입니다.

충전물

/

딸기잼

Making Filling **분량** 250g **재료** 냉동 딸기 300g, 설탕 100g, 올리고당 20g(생략가능), 레몬즙 5g

냄비에 냉동 딸기를 넣어줍니다.

Tip. 딸기 이외에 다양한 냉동 과일이나 퓨레로 만들어도 좋아요. 단,
레몬이나 라임 퓨레는 점성이 없어서 잼으로 만들 수 없고 대신
커드로 만들 수 있어요.

딸기에 설탕과 올리고당을 넣고 살짝 섞어 절입니다.
만약 올리고당이 없다면 넣지 않아도 됩니다.

Tip. 냉동 딸기가 조금 해동될 때까지 약 30분간 설탕에 절이는 것이
좋아요.

딸기와 설탕이 적당히 녹으면 중불에 올려서 끓입니다.

4

전체적으로 보글보글 끓으면 핸드블렌더를 사용해 원하는 굵기로 갑니다. 이때 딸기가 주변에 많이 튈 수 있으니 조심히 갈아줍니다.

5

중약불에서 잼이 바닥에 눌어붙지 않도록 저어가면서 걸쭉해질 때까지 끓입니다.

Tip. 적당히 걸쭉해지고 잼을 찬물에 떨어뜨렸을 때 흩어지지 않고 뭉쳐있을 정도로 끓이면 돼요.

6

마지막으로 레몬즙을 넣어 섞은 다음, 열탕 소독한 병에 담으면 완성입니다.

Tip. 잼을 많이 만들거나 빨리 만들고 싶다면, 펙틴이나 젤라틴을 사용해도 좋아요.

유리병 열탕 소독하기

냄비에 유리병을 엎어두고 병이 1/3정도 잠길 때까지 물을 붓고 끓입니다. 물이 끓어오르면서 수증기가 유리병 안에 가득 차면 조심히 꺼내 똑바로 세워둡니다. 그 상태로 유리병 안팎의 물이 증발하도록 놔두면 소독이 완료됩니다.

충전물

/

캐러멜소스

Making Filling   **분량** 200g   **재료** 물 30g, 설탕 150g, 생크림 130g

냄비에 물과 설탕을 넣고, 생크림은 다른 볼에 담아서 준비합니다.

냄비를 불에 올려서 끓여 설탕을 녹입니다.

Tip. 설탕을 녹일 때는 주걱으로 젓지 말고 냄비를 살짝 흔들면서 골고루 녹이는 것이 좋아요. 설탕이 녹기 전에 주걱으로 젓게 되면 설탕 결정이 생길 수 있답니다.

설탕이 다 녹아 시럽 형태가 되면 맑은 캐러멜색이 날 때까지 냄비를 골고루 흔들어주면서 태웁니다.

Tip. 너무 진하게 태우면 탄 맛이 날 수 있으니 적당히 태우세요.

생크림을 전자레인지에 넣고 돌려 뜨겁게 데웁니다.

5

시럽에 적당한 색이 나면 불을 끄고 뜨겁게 데운 생크림
을 조금씩 붓습니다.

6

생크림을 다 부으면 주걱으로 골고루 섞은 뒤, 다시 불에
올려서 1분간 끓입니다.

7

끓인 캐러멜소스는 완전히 식힌 다음, 열탕 소독한 병에
담으면 완성입니다.

PART 1

[마카롱

MACARON]

마카롱 꼬끄 만들기

총 세 가지의 머랭으로 마카롱 꼬끄를 만들어보겠습니다.

어떤 방법이 가장 좋고, 어떤 방법이 가장 쉬운지는 정해진 것이 없어요. 사람마다 차이가 있으니 처음에는 세 가지 방법을 모두 시도해보고, 그중 자신에게 가장 잘 맞는 방법으로 만들면 됩니다.

꼬끄 반죽 만드는 것에 자신이 생겼다면 다양한 모양 꼬끄를 만들어 나만의 마카롱을 만들어보세요. 여러 색을 사용한 마블은 물론 하트롱과 조개롱 짜는 방법도 소개합니다.

프렌치 머랭 꼬끄

분량 4.5cm 기준 15개

오븐 180℃ 예열, 145℃ 10~11분

재료 달걀흰자 80g, 설탕 70g, 아몬드가루 105g, 슈가파우더 89g, 식용색소 약간

미리 준비하기

• 아몬드가루와 슈가파우더는 미리 체에 내려 준비합니다.

• 짤주머니에 805깍지를 끼워 준비합니다.

• 오븐팬에 도안과 테프론시트지를 깔아둡니다.

• 오븐은 180℃로 20분간 예열해둡니다.

MACARON TIP

• 달걀흰자는 노른자와 분리한 다음, 냉장고에서 2~3일간 보관한 뒤 사용합니다.

• 겨울철에는 설탕이 잘 녹을 수 있도록 실온 상태의 흰자를 사용하는 것이 좋습니다.

• 팬닝한 반죽을 건조할 때 오븐의 열풍 건조 기능을 사용해 말리면 시간을 단축할 수 있습니다. 오븐마다 차이는 있지만 보통 50℃로 10분간 말리면 됩니다.

1

달걀흰자를 볼에 담아서 준비합니다.

2

핸드믹서를 중속(2~3단)으로 두고 알끈을 풀어줍니다. 큰 거품이 올라오다가 잔거품으로 변할 때까지 휘핑합니다.

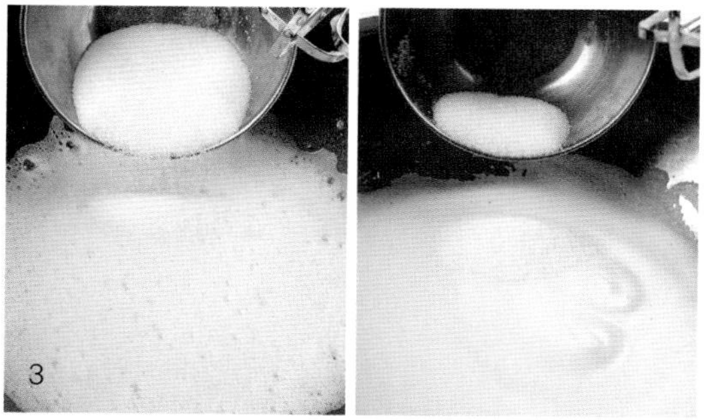

3

설탕을 세 번에 나눠 넣으며 휘핑합니다. 처음에 설탕의 1/3을 넣고 30초간 휘핑하다가 그 다음 1/3을 넣고 30초, 마지막 1/3을 넣고 30초간 휘핑합니다.

4

설탕이 충분히 녹으면 머랭에 윤기가 날 때까지 중속으로 휘핑합니다.

5

머랭에 윤기가 생기면 머랭이 단단하게 올라오고 뿔이 살짝 휘어지는 정도까지 휘핑합니다.

6

원하는 색의 색소를 넣어줍니다.

핸드믹서를 저속(1단)으로 놓고 1~2분간 휘핑해 색을 섞으면서 기포를 정리합니다.

체에 내린 아몬드가루와 슈가파우더를 반죽에 1/2만 넣고, 가루 재료가 80% 정도 섞일 때까지 섞습니다.

남은 가루 재료를 모두 넣고, 가루가 보이지 않을 때까지 가볍게 섞어줍니다.

Tip. 너무 누르면서 섞지 말고, 가볍게 머랭을 굴리면서 섞으세요.

반죽을 가운데로 모은 다음 볼 벽에 조금씩 가져와 지그시 누르며 폅니다. 가운데에 있는 반죽이 다 없어질 때까지 볼을 돌려가며 반복해 반죽을 폅니다(마카로나주).

볼 벽에 편 반죽을 가운데로 모으고 또다시 벽에 펴 바르는 과정을 반복해 원하는 농도가 나올 때까지 마카로나주 합니다.

주걱으로 반죽을 들어 올렸을 때, 반죽이 툭툭 떨어지는 것이 아니라 계단 모양으로 착착 접히면서 떨어지는 정도로 마카로나주 합니다.

접힌 모양이 10~15초간 유지되는 정도가 좋습니다.

완성된 반죽을 805깍지를 끼운 짤주머니에 담고 스크래퍼로 반죽을 앞으로 밀어 정리합니다.

도안을 깔아둔 테프론시트지 위에 짤주머니를 수직으로 세워 잡은 다음, 바닥에서 1cm 정도 띄워 반죽을 짭니다.

도안을 빼고 팬 바닥을 손으로 살짝 쳐서 반죽 속 기포를 빼면서 크기를 일정하게 맞춥니다.

팬닝한 반죽을 실온에서 30분~1시간 사이로 말립니다. 반죽의 표면을 만져봤을 때, 손에 묻지 않고 약간 자국이 남는 정도까지 말려줍니다.

180℃로 예열한 오븐에 반죽을 넣고, 145℃로 내린 다음 10~11분간 구우면 완성입니다.

스위스 머랭 꼬끄

분량 4.5cm 기준 15개

오븐 180℃ 예열, 145℃ 10~11분

재료 달걀흰자 85g, 설탕 75g, 아몬드가루 100g, 슈가파우더 92g, 식용색소 약간

미리 준비하기

• 아몬드가루와 슈가파우더는 미리 체에 내려 준비합니다.

• 짤주머니에 805깍지를 끼워 준비합니다.

• 오븐팬에 도안과 테프론시트지를 깔아둡니다.

• 오븐은 180℃로 20분간 예열해둡니다.

MACARON TIP

• 스위스 머랭은 따뜻한 물 위에 올려서 중탕으로 설탕을 녹이면서 온도를 올리기 때문에 다른 방법에 비해 수분 손실이 있습니다. 만약 반죽이 너무 뻑뻑하거나 제대로 나오지 않을 경우 달걀흰자를 5~10g 정도 더 보충해서 만들면 됩니다.

• 스위스 머랭법은 설탕을 다 녹인 다음 머랭을 올리기 때문에, 다른 방법에 비해서 머랭이 올라오는 속도가 느립니다. 충분한 시간을 갖고 머랭을 올리도록 합니다.

• 팬닝한 반죽을 건조할 때 오븐의 열풍 건조 기능을 사용해 말리면 시간을 단축할 수 있습니다. 오븐마다 차이는 있지만 보통 50℃로 10분간 말리면 됩니다.

Making Coque

1

달걀흰자와 설탕을 볼에 담아서 준비합니다.

2

다른 볼에 뜨거운 물을 담고 그 위에 1번의 볼을 올립니다.

3

손거품기로 설탕을 녹이면서 중탕으로 온도를 올립니다.

4

설탕이 완전히 녹을 때까지 중탕을 유지하면서 섞어 40~50℃ 사이로 온도를 올립니다.

5

핸드믹서를 고속으로 올려 휘핑합니다.

6

머랭이 단단하게 올라오고 뿔이 살짝 휘어지는 정도까지 휘핑합니다.

7

원하는 색의 색소를 넣어줍니다.

8

핸드믹서를 저속(1단)으로 놓고 1~2분 정도 휘핑해 색을 섞으면서 기포를 정리합니다.

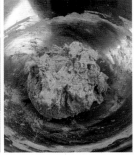

9

체에 내린 아몬드가루와 슈가파우더를 반죽에 1/2만 넣고, 가루 재료가 80% 정도 섞일 때까지 섞습니다.

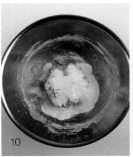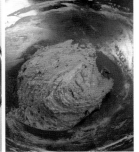

10

남은 가루 재료를 모두 넣고, 가루가 보이지 않을 때까지 가볍게 섞어줍니다.

Tip. 너무 누르면서 섞지 말고, 가볍게 머랭을 굴리면서 섞으세요.

11

반죽을 가운데로 모은 다음 볼 벽에 조금씩 가져와 지그시 누르며 폅니다. 가운데에 있는 반죽이 다 없어질 때까지 벽에 펴 바르고 다시 모아 펴 바르는 과정을 반복합니다(마카로나주).

12

주걱으로 반죽을 들어 올렸을 때, 반죽이 계단 모양으로 착착 접히면서 떨어지는 정도로 마카로나주 합니다. 접힌 모양이 10~15초간 유지되는 정도가 좋습니다.

13

완성된 반죽을 805깍지를 끼운 짤주머니에 담고 스크래퍼로 반죽을 앞으로 밀어 정리합니다.

14

도안을 깔아둔 테프론시트지 위에 짤주머니를 수직으로 세워 잡은 다음, 바닥에서 1cm 정도 띄워 반죽을 짭니다.

15

도안을 빼고 팬 바닥을 손으로 살짝 쳐서 반죽 속 기포를 빼면서 크기를 일정하게 맞춘 다음, 실온에서 30분~1시간 사이로 말립니다.

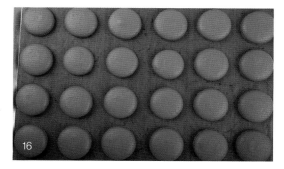

16

반죽이 손에 묻지 않고 약간 자국이 남는 정도까지 마르면, 180℃로 예열한 오븐에 넣고 145℃로 내린 다음 10~11분간 구우면 완성입니다.

이탈리안
머랭 꼬끄

분량 4.5cm 기준 20개

오븐 180℃ 예열, 145℃ 10~11분

재료 아몬드가루 100g, 슈가파우더 100g, 달걀흰자A 40g, 물 31g, 설탕A 100g, 달걀흰자B 40g, 설탕B 10g, 식용색소 약간

미리 준비하기

• 아몬드가루와 슈가파우더는 미리 체에 내려 준비합니다.

• 짤주머니에 805깍지를 끼워 준비합니다.

• 오븐팬에 도안과 테프론시트지를 깔아둡니다.

• 오븐은 180℃로 20분간 예열해둡니다.

MACARON TIP

• 이탈리안 머랭은 시럽을 넣어서 머랭을 올리는 방식으로, 시럽을 117℃까지 끓인 후 불을 끄고 잔열로 118℃까지 올려주는 것이 좋습니다. 118℃까지 끓인 다음 달걀흰자에 시럽을 넣기 시작하면 마지막에 넣는 시럽의 온도가 높아 흰자에 들어가면서 시럽이 굳을 수 있습니다.

• 시럽을 끓일 때는 설탕 결정이 생기지 않도록 주걱으로 젓지 않은 상태로 끓이고, 달걀흰자에 넣을 때는 조금씩 천천히 넣습니다. 한 번에 많이 넣으면 머랭이 묽어집니다.

• 페이스트에 머랭을 섞을 때는 뭉친 덩어리가 없도록 꾹꾹 눌러가며 섞도록 합니다. 여기에서 제대로 페이스트를 풀어주지 못하면, 나머지 머랭을 넣고 마카로나주를 할 때 나주가 오버될 수 있습니다.

• 팬닝한 반죽을 건조할 때 오븐의 열풍 건조 기능을 사용해 말리면 시간을 단축할 수 있습니다. 오븐마다 차이는 있지만 보통 50℃로 10분간 말리면 됩니다.

체에 내린 아몬드가루와 슈가파우더를 볼에 담고 달걀
흰자A를 넣어줍니다.

주걱을 사용해 날가루가 보이지 않을 때까지 섞어 페이
스트를 만든 다음, 마르지 않게 랩을 씌워서 실온에 보관
합니다.

냄비에 물과 설탕A를 넣고 버너 위에 올려서 117℃가 될
때까지 중불로 끓입니다.

시럽이 끓기 시작하면 다른 볼에 달걀흰자B와 설탕B를
넣고 중속으로 거품이 뽀얗게 올라올 때까지 휘핑해 머랭
을 올립니다.

시럽의 온도가 117℃가 되면 불에서 내린 뒤, 머랭 볼 벽
을 따라서 조금씩 흘려 넣으면서 고속으로 휘핑합니다.

시럽을 다 넣으면 볼이 미지근해질 때까지 휘핑해 머랭
을 올립니다. 머랭은 새 부리 모양보다 더 아래로 처진
형태가 나오도록 합니다.

7

원하는 색의 색소를 넣어줍니다.

8

핸드믹서를 저속(1단)으로 놓고 1~2분간 휘핑해 색을 섞으면서 기포를 정리합니다.

9

2번 과정에서 미리 섞어둔 페이스트 볼에 머랭을 1/2 정도 덜어줍니다.

10

덩어리가 보이지 않도록 주걱을 세워서 페이스트를 자르듯이 골고루 섞어줍니다.

Tip. 페이스트가 덩어리 없이 완벽하게 섞여야 꼬끄가 매끈해집니다. 머랭이 가라앉아도 괜찮으니 완벽하게 섞어주세요.

11

덩어리가 없어지면 남은 머랭을 모두 넣고 섞습니다.

12

머랭을 굴려가면서 반죽이 잘 섞이도록 섞습니다.

13

반죽을 가운데로 모은 다음 볼 벽에 조금씩 가져와 지그시 누르며 폅니다. 가운데에 있는 반죽이 다 없어질 때까지 벽에 펴 바르고 다시 모아 펴 바르는 과정을 반복합니다 (마카로나주).

14

주걱으로 반죽을 들어 올렸을 때, 반죽이 계단 모양으로 착착 접히면서 떨어지는 정도로 마카로나주 합니다. 접힌 모양이 10~15초간 유지되는 정도가 좋습니다.

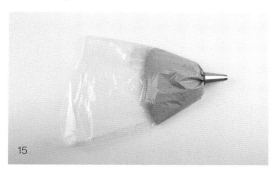

15

완성된 반죽을 805깍지를 끼운 짤주머니에 담고 스크래퍼로 반죽을 앞으로 밀어 정리합니다.

16

도안을 깔아둔 테프론시트지 위에 짤주머니를 수직으로 세워 잡은 다음, 바닥에서 1cm 정도 띄워 반죽을 짭니다.

17

도안을 빼고 팬 바닥을 손으로 살짝 쳐서 반죽 속 기포를 빼면서 크기를 일정하게 맞춘 다음, 실온에서 30분~1시간 사이로 말립니다.

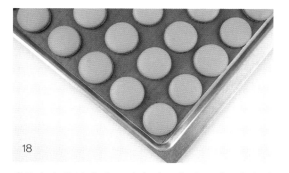

18

반죽이 손에 묻지 않고 약간 자국이 남는 정도까지 마르면, 180℃로 예열한 오븐에 넣고 145℃로 내린 다음 10~11분간 구우면 완성입니다.

그러데이션 마블 I

Making Coque

1

2

[마카롱 꼬끄 만들기]를 참고해 머랭을 올리고, 가루 재료만 넣어서 반죽을 만든 다음 반으로 나눠 준비합니다.

각각의 반죽에 원하는 색의 색소를 넣어줍니다.

3

4

두 가지 반죽을 각각 마카로나주 합니다. 마블 꼬끄는 두 반죽을 합쳐야 하기 때문에 마카로나주의 농도를 최대한 비슷하게 만듭니다.

반죽 하나를 볼의 한쪽으로 밀어놓고 다른 색의 반죽을 빈 공간에 부어, 한 볼에 담습니다.

5

깍지를 낀 짤주머니에 두 가지 반죽이 동시에 들어가도록 볼을 기울여 천천히 붓습니다.

Tip. 주걱을 적게 사용해 마지막 반죽까지 최대한 섞이지 않도록 부어 주세요.

6

짤주머니의 뒷부분을 잘 오므린 다음 반죽을 팬닝합니다.

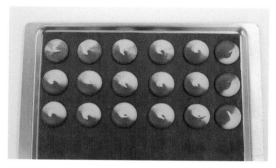

팬닝 1

단색의 원형으로 짜듯이 짧게 끊어주는 모양입니다.

팬닝 2

반죽을 짠 뒤에, 바로 끊지 않고 한 바퀴 돌려서 끊어주는 모양입니다.

팬닝 3

반죽을 짠 뒤에, 바로 끊지 않고 한 바퀴 반~두 바퀴 정도 돌려서 끊어주는 모양입니다.

Tip. 반죽을 바로 끊는 모양이 아니라 팬닝 2, 3번과 같이 한 바퀴 또는 두 바퀴를 돌리는 모양의 꼬끄는 단색 꼬끄에 비해서 조금 작게 짜는 것이 좋아요. 반죽을 돌리는 과정에서 윗면에 반죽이 조금 더 쌓이기 때문에 기존과 똑같이 짜면 구우면서 크기가 커질 수 있거든요. 일반적으로 짧게 끊으면 깔끔한 느낌을 줄 수 있고, 바퀴를 많이 돌리면 화려한 느낌을 줄 수 있답니다.

그러데이션 마블 II

Making Coque

1

[그러데이션 마블 I]의 1~3번 과정을 참고해 반죽을 만들고, 깍지를 끼우지 않은 짤주머니에 각각 넣습니다.

2

원형 1cm깍지를 끼운 짤주머니에 반죽을 담은 짤주머니 두 개를 겹쳐 최대한 같이 들어가도록 넣습니다.

3

깍지 앞쪽으로 반죽을 담은 짤주머니의 앞부분이 나올 수 있게 당긴 다음, 끝부분을 가위로 자르고 팬닝합니다.

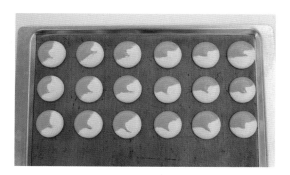

팬닝 1

단색의 원형으로 짜듯이 짧게 끊어주는 모양입니다.

팬닝 2

반죽을 짠 뒤에, 바로 끊지 않고 한 바퀴 반~두 바퀴 정도 돌려서 끊어주는 모양입니다.

팬닝 3

반죽을 짤 때 아래에 받친 손을 살짝 돌려가면서 독수리 날개 무늬가 나오도록 짜주는 모양입니다.

Tip. 이 방법의 마블 꼬끄는 색이 정확하게 반으로 나뉘며 나오기 때문에 선명한 무늬가 특징이에요.

하트롱

Making Coque

1

[마카롱 꼬끄 만들기]를 참고해 반죽을 만들고 깍지를 끼운 짤주머니에 넣어 준비합니다.

2

테프론시트지 아래에 하트 도안을 깔고, 짤주머니를 직각으로 들어 천천히 모양을 따라서 짭니다. 먼저 왼쪽을 짭니다.

3

오른쪽을 모양에 맞게 짭니다. 마무리할 때 짤주머니를 살짝 위로 들어 올리면서 짜면 왼쪽의 반죽과 자연스럽게 연결됩니다.

Tip. 반죽 위에 스프링클을 올리면 훨씬 예쁜 모양의 하트롱을 만들 수 있어요.

조개롱

Making Coque

[그러데이션 마블]을 참고해 반죽을 만들고 깍지를 끼운 짤주머니에 넣어 준비합니다.

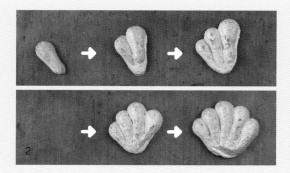

손바닥을 기준으로 잡고 반죽을 조개 모양으로 짭니다. 첫 번째는 짧게, 두 번째는 조금 길게, 세 번째는 가장 길게 짜고, 네 번째는 두 번째와 같은 길이로, 다섯 번째는 첫 번째와 같은 길이로 짭니다. 마지막 다섯 번째 줄은 아랫면을 동그랗게 돌려 끊어냅니다.

Tip. 굽고 남은 꼬끄나 짝이 맞지 않는 꼬끄를 부숴서 조개 윗면에 뿌리면 예쁜 조개롱을 만들 수 있어요.

Chapter 2
마카롱

본격적으로 마카롱을 만들어보겠습니다.
'마카롱 & 다쿠아즈 기초'에 있는 버터크림과 충전물. 그리고 바로 앞에서 배운 '마카롱 꼬끄 만들기'를 참고하면 얼마든지 맛있는 마카롱을 만들 수 있습니다.
여기에서 소개하는 마카롱을 완벽하게 마스터했다면 꼬끄나 크림. 충전물에 변화를 주어 나만의 마카롱을 만들어보세요.

순우유 누텔라 마카롱

담백한 우유와 진한 초콜릿의 만남.
한번 먹으면 부드러우면서도 달콤한 맛에 반하게 되는 순우유 누텔라 마카롱입니다.
윗면에 데코스노우 하나 뿌렸을 뿐인데 순수한 느낌이 물씬 풍겨요.

분량 4.5cm 기준 20개

오븐 180℃ 예열, 145℃ 10~11분

재료 마카롱
하얀색 마카롱 꼬끄 40개, 앙글레즈 버터크림 450g,
탈지분유 40g, 연유 30g, 누텔라 적당량

데커레이션
데코스노우

미리 준비하기

• 하얀색 마카롱 꼬끄는 [꼬끄 만들기 : 프렌치 머랭 38p, 스위스 머랭 42p, 이탈리안 머랭 46p]를 참고해 만들어둡니다.

• 앙글레즈 버터크림은 28p를 참고해 만들고, 실온의 말랑한 상태로 준비합니다.

• 짤주머니에 809깍지를 끼워 준비합니다.

하얀색 색소를 넣어 꼬끄를 만들고 크기가 비슷한 것끼리 짝을 맞춰 한쪽을 뒤집어놓습니다. 하얀색이 아닌 다른 색으로 만들어도 좋습니다.

볼에 앙글레즈 버터크림을 넣고 가볍게 풀다가 탈지분유와 연유를 넣고 핸드믹서로 충분히 휘핑합니다.

809깍지를 끼운 짤주머니에 크림을 담습니다.

짤주머니를 뒤집어둔 꼬끄 위 1cm 높이에 두고, 움직이지 않은 상태에서 그대로 힘을 줘 크림을 물방울 모양으로 짭니다.

누텔라를 짤주머니에 담고 끝부분을 아주 조금 자른 뒤, 크림 위에 동그랗게 짭니다.

짝을 맞춰둔 반대쪽 꼬끄로 샌드합니다. 이때 크림이 옆으로 튀어나오지 않게 적당한 힘으로 누릅니다.

샌드한 마카롱 위에 분당체를 이용해 데코스노우를 뿌리면 완성입니다.

뽀또치즈 마카롱

고소하면서도 단짠의 매력이 있는 뽀또를 마카롱으로 만들었습니다.
황치즈크림에 바삭한 크래커 대신 쫀득한 꼬끄를 덮었더니
맛이 한층 업그레이드되었어요.

분량 4.5cm 기준 20개

오븐 180℃ 예열, 145℃ 10~11분

재료 　마카롱　
보라색 마카롱 *꼬끄* 40개, 파트아봄브 버터크림 200g,
크림치즈 200g, 황치즈분말 55g

미리 준비하기

- 보라색 마카롱 꼬끄는 [꼬끄 만들기 : 프렌치 머랭 38p, 스위스 머랭 42p, 이탈리안 머랭 46p]를 참고해 만들어둡니다. 이때 윗면에 꼬끄 부스러기를 올려 구우면 쉽고 간단하게 장식할 수 있습니다.

- 파트아봄브 버터크림은 27p를 참고해 만들어둡니다.

- 파트아봄브 버터크림과 크림치즈는 미리 실온에 꺼내두어 말랑한 상태로 만듭니다.

- 짤주머니에 867K(12별)깍지를 끼워 준비합니다.

1

보라색 색소를 넣어 꼬끄를 만들고 크기가 비슷한 것끼리 짝을 맞춰 한쪽을 뒤집어놓습니다. 보라색이 아닌 다른 색으로 만들어도 좋습니다.

2

볼에 실온의 말랑한 크림치즈를 넣고 덩어리가 없도록 충분히 휘핑합니다.

Tip. 차가운 상태의 크림치즈를 사용할 경우 버터크림과 분리될 수 있으니 반드시 실온 상태로 사용하세요.

3

크림치즈에 실온의 말랑한 파트아봄브 버터크림을 넣고 분리되지 않도록 잘 섞습니다.

4

황치즈분말을 넣고 골고루 섞습니다.

5

867K(12별)깍지를 끼운 짤주머니에 크림을 담습니다.

짤주머니를 뒤집어둔 꼬끄 위 1cm 높이에 두고, 일정한 힘으로 누르면서 옆으로 살짝 흔들어 옆면에 결이 생기도록 짭니다.

짝을 맞춰둔 반대쪽 꼬끄로 샌드하면 완성입니다. 이때 크림이 옆으로 튀어나오지 않게 적당한 힘으로 누릅니다.

크렘 브륄레 마카롱

커스터드크림 위에 설탕을 얹고 표면을 불에 살짝 그슬려 만드는
크렘 브륄레(crème brûlée)를 응용해 만들어보았어요.
한입 깨물면 살짝 태운 설탕의 풍미가 입안 가득 느껴진답니다.

분량 4.5cm 기준 22개

오븐 180℃ 예열, 145℃ 10~11분

재료 [마카롱]
하얀색 마카롱 꼬끄 44개, 앙글레즈 버터크림 450g,
바닐라엑기스 20g, 캐러멜소스 적당량

[데커레이션]
물, 설탕

미리 준비하기

• 하얀색 마카롱 꼬끄는 [꼬끄 만들기 : 프렌치 머랭 38p, 스위스 머랭 42p, 이탈리안 머랭 46p]를 참고
해 만들어둡니다.

• 앙글레즈 버터크림은 28p, 캐러멜소스는 32p를 참고해 만들고, 실온의 말랑한 상태로 준비합니다.

• 짤주머니에 809깍지를 끼워 준비합니다.

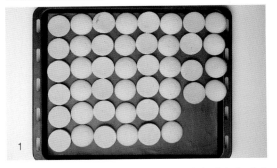

하얀색 색소를 넣어 꼬끄를 만들고 크기가 비슷한 것끼리 짝을 맞춰 한쪽을 뒤집어놓습니다.

짝을 맞춘 꼬끄 중 뒤집지 않은 꼬끄 윗면에 붓으로 물을 아주 얇게 바릅니다.

그 상태로 설탕을 골고루 묻힙니다. 물을 발랐기 때문에 설탕이 잘 묻습니다.

그릴 위에 설탕을 묻힌 꼬끄를 띄엄띄엄 올린 다음, 토치로 설탕을 태워 준비합니다. 이때 꼬끄가 타지 않도록 주의합니다.

볼에 실온의 말랑한 앙글레즈 버터크림과 바닐라엑기스를 넣고 골고루 섞습니다.

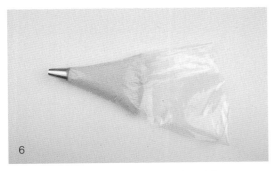

809깍지를 끼운 짤주머니에 크림을 담습니다.

4번에서 윗면을 태운 꼬끄를 짝을 맞춰 준비합니다.

짤주머니를 뒤집어둔 꼬끄 위 1cm 높이에 두고, 움직이지 않은 상태에서 그대로 힘을 줘 크림을 물방울 모양으로 짭니다.

캐러멜소스를 짤주머니에 담고 끝부분을 조금 자른 뒤, 크림 가운데에 찔러 적당히 짭니다.

짝을 맞춰둔 반대쪽 꼬끄로 샌드하면 완성입니다. 이때 크림이 옆으로 튀어나오지 않게 적당한 힘으로 누릅니다.

프레첼 솔트캐러멜 마카롱

군것질로도 술안주로도 인기 있는 프레첼과 단짠의 대명사 솔트캐러멜을 합쳐보았습니다.
부드러우면서도 쫀득한 마카롱에 바삭하게 씹히는 프레첼까지 더해져
맛은 물론 식감까지 한 번에 사로잡았어요.

분량 4.5cm 기준 19개

오븐 180℃ 예열, 145℃ 10~11분

재료 `마카롱`
민트색 마카롱 꼬끄 19개, 프레첼 붙인 민트색 꼬끄
19개, 앙글레즈 버터크림 400g, 캐러멜소스 100g,
게랑드소금 3g, 충전용 캐러멜소스 적당량

미리 준비하기

• 민트색 마카롱 꼬끄는 [꼬끄 만들기 : 프렌치 머랭 38p, 스위스 머랭 42p, 이탈리안 머랭 46p]를 참고
  해 만들어둡니다. 이때 꼬끄의 반에는 프레첼을 붙여 굽습니다.

• 앙글레즈 버터크림은 28p, 캐러멜소스는 32p를 참고해 만들고, 실온의 말랑한 상태로 준비합니다.

• 짤주머니에 809깍지를 끼워 준비합니다.

민트색 색소를 넣어 꼬끄 반죽을 만들고 윗면이 될 꼬끄에 프레첼을 붙여 굽습니다. 구운 꼬끄는 비슷한 크기끼리 짝을 맞춘 다음 프레첼을 안 붙인 꼬끄를 뒤집어놓습니다.

볼에 앙글레즈 버터크림과 캐러멜소스, 게랑드소금을 넣고 핸드믹서로 충분히 휘핑합니다.

Tip. 너무 차가운 상태의 캐러멜소스를 사용하면 분리될 수 있으니, 실온 상태로 사용하세요.

809깍지를 끼운 짤주머니에 크림을 담습니다.

짤주머니를 뒤집어둔 꼬끄 위 1cm 높이에 두고, 움직이지 않은 상태에서 그대로 힘을 줘 크림을 물방울 모양으로 짭니다.

캐러멜소스를 짤주머니에 담고 끝부분을 조금 자른 뒤, 크림 가운데에 찔러 적당히 짭니다.

짝을 맞춰둔 반대쪽 꼬끄로 샌드하면 완성입니다. 이때 크림이 옆으로 튀어나오지 않게 적당한 힘으로 누릅니다.

生딸기 요거트 마카롱

달콤한 마카롱에 딸기를 올려서 보기만 해도 상큼함이 가득한 마카롱을 만들었습니다.
필링에도 딸기잼을 넣었더니 훨씬 풍성한 맛이 되었어요.

분량 4.5cm 기준 20개

오븐 180℃ 예열, 145℃ 10~11분

재료 마카롱
인디핑크색 마카롱 꼬끄 40개, 이탈리안 버터크림
300g, 크림치즈 100g, 딸기잼 50g, 플레인요거트
가루 40g, 빨간색 식용색소 1방울

데커레이션
딸기코팅초콜릿, 생딸기

미리 준비하기

- 인디핑크색 마카롱 꼬끄는 [꼬끄 만들기 : 프렌치 머랭 38p, 스위스 머랭 42p, 이탈리안 머랭 46p]를
  참고해 만들어둡니다.
- 이탈리안 버터크림은 26p, 딸기잼은 30p를 참고해 만들어둡니다.
- 이탈리안 버터크림과 크림치즈는 미리 실온에 꺼내두어 말랑한 상태로 만듭니다.
- 짤주머니에 867K(12별)깍지를 끼워 준비합니다.

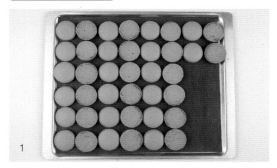

인디핑크색 색소를 넣어 꼬끄를 만들고 크기가 비슷한 것끼리 짝을 맞춰 한쪽을 뒤집어놓습니다. 인디핑크색 이 아닌 다른 색으로 만들어도 좋습니다.

볼에 실온의 말랑한 크림치즈를 넣고 부드럽게 풀어줍 니다.

크림치즈에 말랑한 이탈리안 버터크림을 넣고 골고루 섞습니다.

딸기잼과 플레인요거트가루, 빨간색 식용색소를 넣고 잘 섞습니다.

Tip. 딸기잼만 넣고 만들면 색이 탁해지니 빨간색 색소를 넣어 화사하게 만드세요. 하지만 빨간색 색소가 없다면 넣지 않아도 좋아요.

867K(12별)깍지를 끼운 짤주머니에 크림을 담습니다.

짤주머니를 뒤집어둔 꼬끄 위 1cm 높이에 두고, 일정한 힘으로 누르면서 옆으로 살짝 흔들어 옆면에 결이 생기 도록 짭니다.

짝을 맞춰둔 반대쪽 꼬끄로 샌드합니다. 이때 크림이 옆으로 튀어나오지 않게 적당한 힘으로 누르고, 샌드한 마카롱은 냉장실에 넣어 크림을 굳힙니다.

딸기코팅초콜릿과 생딸기를 준비합니다. 생딸기는 깨끗이 씻은 다음 반으로 잘라 키친타월에 올려 물기를 제거합니다.

딸기코팅초콜릿을 중탕이나 전자레인지를 활용해 녹인 다음, 7번에서 굳힌 마카롱의 윗면에 묻힙니다.

초콜릿 위에 물기를 제거한 딸기를 올린 뒤 굳히면 완성입니다.

Tip. 딸기는 취향에 따라 통으로 올려도 좋아요.

마스카포네 바닐라 마카롱

마스카포네치즈와 바닐라가 아주 잘 어울리는 마카롱입니다.
자칫 밋밋해 보일 수 있는 마카롱 꼬끄에 변화를 주면 특별한 의미를 담을 수 있는데요.
부드러운 필링이 가득 담긴 마카롱에 사랑하는 마음을 듬뿍 담아보세요.

분량 4.5cm 기준 21개

오븐 180℃ 예열, 145℃ 10~11분

재료 〔마카롱〕
빨간색 하트롱 꼬끄 42개, 앙글레즈 버터크림 450g,
바닐라엑기스 30g, 바닐라빈 1/2개, 마스카포네치즈
50g, 설탕 10g

〔데커레이션〕
진주 모양 초콜릿볼 21개, 화이트코팅초콜릿

미리 준비하기

• 빨간색 하트롱 꼬끄 반죽은 [꼬끄 만들기 : 프렌치 머랭 38p, 스위스 머랭 42p, 이탈리안 머랭 46p]를
  참고해 만들고, 모양은 [모양 꼬끄② 하트롱 54p]를 참고해 만듭니다.

• 앙글레즈 버터크림은 28p를 참고해 만들어둡니다.

• 앙글레즈 버터크림과 마스카포네치즈는 미리 실온에 꺼내두어 말랑한 상태로 만듭니다.

• 짤주머니에 809깍지를 끼워 준비합니다.

빨간색 색소를 넣어 하트롱 꼬끄를 만들고 크기가 비슷한 것끼리 짝을 맞춰 한쪽을 뒤집어놓습니다. 빨간색이 아닌 다른 색으로 만들어도 좋습니다.

볼에 실온의 말랑한 앙글레즈 버터크림을 넣고 부드럽게 풀어줍니다.

버터크림에 바닐라엑기스와 바닐라빈을 넣고 잘 섞습니다. 바닐라빈은 반으로 갈라 씨만 긁어 넣으면 됩니다.

809깍지를 끼운 짤주머니에 크림을 담습니다.

짤주머니를 뒤집어둔 꼬끄 위 1cm 높이에 두고, 꼬끄 모양대로 크림을 통통하게 짭니다.

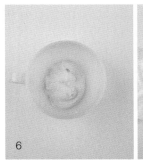 

볼에 마스카포네치즈와 설탕을 넣고 골고루 섞은 다음 짤주머니에 담습니다.

7

짤주머니의 끝을 조금만 자르고, 통통하게 짠 크림에 찔러 넣어 양쪽에 적당히 짭니다.

8

짝을 맞춰둔 반대쪽 꼬끄로 샌드합니다. 이때 크림이 옆으로 튀어나오지 않게 적당한 힘으로 누릅니다.

9

하트 앞 움푹하게 들어간 부분에 진주 모양 초콜릿볼을 붙입니다.

10

화이트코팅초콜릿을 녹인 다음 짤주머니에 넣어 마카롱 위를 장식하면 완성입니다.

연유 찰떡아이스 마카롱

쫀득한 쑥떡 안에 팥앙금과 아이스크림이 들어 있는 찰떡아이스를 아시나요?
어렸을 때 정말 많이 먹었던 아이스크림인데요. 그때의 추억을 되살려 마카롱으로 만들었습니다.
연유 찰떡아이스 마카롱으로 추억여행을 떠나보는 건 어떠세요?

분량   4.5cm 기준 20개

오븐   180℃ 예열, 145℃ 10~11분

재료   `마카롱`
진녹색 마카롱 꼬끄 40개, 파트아봄브 버터크림 470g,
쑥가루 25g, 찰떡 20조각, 팥앙금 50g, 연유 적당량

`데커레이션`
데코스노우

미리 준비하기

• 진녹색 마카롱 꼬끄는 [꼬끄 만들기 : 프렌치 머랭 38p, 스위스 머랭 42p, 이탈리안 머랭 46p]를 참고
해 만들어둡니다.

• 파트아봄브 버터크림은 27p를 참고해 만들고, 실온의 말랑한 상태로 준비합니다.

• 짤주머니에 805깍지를 끼워 준비합니다.

진녹색 색소를 넣어 꼬끄를 만들고 크기가 비슷한 것끼리 짝을 맞춰 한쪽을 뒤집어놓습니다.

볼에 실온의 말랑한 파트아봄브 버터크림을 넣고 풀다가 쑥가루를 넣고 골고루 섞어줍니다.

805깍지를 끼운 짤주머니에 크림을 담습니다.

짤주머니를 뒤집어둔 꼬끄 위 1cm 높이에 두고, 꼬끄 가장자리를 따라서 크림을 한 바퀴 둘러준 뒤 크림 위로 한 바퀴 더 둘러서 짭니다.

크림 안쪽에 작게 자른 찰떡을 넣고, 팥앙금을 짤주머니에 넣어 빈 공간에 채웁니다.

그 위에 연유를 적당히 짭니다.

짝을 맞춰둔 반대쪽 꼬끄로 샌드합니다. 이때 크림이 옆
으로 튀어나오지 않게 적당한 힘으로 누릅니다.

샌드한 마카롱 위에 분당체를 이용해 데코스노우를 뿌
리면 완성입니다.

마스카포네 티라미수 마카롱

많은 분들이 좋아하는 티라미수를 마카롱으로 만들었습니다.
당 충전이 필요할 때 부드러운 크림치즈가 듬뿍 담긴 마스카포네 티라미수 마카롱과
아메리카노 한 잔이면 더 이상 말이 필요 없죠.

분량 4.5cm 기준 20개

오븐 180℃ 예열, 145℃ 10~11분

재료 마카롱
진갈색 마카롱 꼬끄 40개, 앙글레즈 버터크림 225g,
크림치즈 120g, 마스카포네치즈 100g, 커피엑기스
10g, 에스프레소 1/2샷

데커레이션
코코아가루

미리 준비하기

- 진갈색 마카롱 꼬끄는 [꼬끄 만들기 : 프렌치 머랭 38p, 스위스 머랭 42p, 이탈리안 머랭 46p]를 참고해 만들어둡니다.
- 앙글레즈 버터크림은 28p를 참고해 만들어둡니다.
- 앙글레즈 버터크림과 크림치즈, 마스카포네치즈는 미리 실온에 꺼내두어 말랑한 상태로 만듭니다.
- 짤주머니에 809깍지를 끼워 준비합니다.

진갈색 색소를 넣어 꼬끄를 만들고 크기가 비슷한 것끼리 짝을 맞춰 한쪽을 뒤집어놓습니다.

볼에 실온의 말랑한 크림치즈를 넣고 부드럽게 풀다가 마스카포네치즈를 넣고 잘 섞습니다.

Tip. 마스카포네치즈는 쉽게 분리가 일어나기 때문에 휘핑은 많이 하지 않는 게 좋아요.

부드러운 상태의 앙글레즈 버터크림을 넣고 골고루 섞습니다.

커피엑기스와 에스프레소를 넣고 골고루 섞습니다.

809깍지를 끼운 짤주머니에 크림을 담습니다.

짤주머니를 뒤집어둔 꼬끄 위 1cm 높이에 두고, 움직이지 않은 상태에서 그대로 힘을 줘 크림을 물방울 모양으로 짭니다.

짝을 맞춰둔 반대쪽 꼬끄로 샌드합니다. 이때 크림이 옆
으로 튀어나오지 않게 적당한 힘으로 누릅니다.

샌드한 마카롱 위에 분당체를 이용해 코코아가루를 뿌
리면 완성입니다.

연유 인절미 마카롱

단 것을 즐기지 않는 분들도 맛있게 먹을 수 있는 인절미 마카롱입니다.
고소한 콩가루와 쫄깃한 떡이 들어있어 부담 없이 먹을 수 있는데요.
어른들의 입맛까지 맞춘 취향저격 마카롱입니다.

분량 4.5cm 기준 20개

오븐 180℃ 예열, 145℃ 10~11분

재료 마카롱

인디핑크색 마카롱 꼬끄 40개, 파트아봄브 버터크림 470g, 볶음콩가루 55g, 찰떡 20조각, 연유 적당량

데커레이션

볶음콩가루

미리 준비하기

- 인디핑크색 마카롱 꼬끄는 [꼬끄 만들기 : 프렌치 머랭 38p, 스위스 머랭 42p, 이탈리안 머랭 46p]를 참고해 만들어둡니다.
- 파트아봄브 버터크림은 27p를 참고해 만들고, 실온의 말랑한 상태로 준비합니다.
- 짤주머니에 805깍지를 끼워 준비합니다.

인디핑크색 색소를 넣어 꼬끄를 만들고 크기가 비슷한 것끼리 짝을 맞춰 한쪽을 뒤집어놓습니다. 인디핑크색이 아닌 다른 색으로 만들어도 좋습니다.

볼에 실온의 말랑한 파트아봄브 버터크림을 넣고 풀다가 볶음콩가루를 넣고 골고루 섞어줍니다.

805깍지를 끼운 짤주머니에 크림을 담습니다.

짤주머니를 뒤집어둔 꼬끄 위 1cm 높이에 두고, 꼬끄 가장자리를 따라서 크림을 한 바퀴 둘러준 뒤 크림 위로 한 바퀴 더 둘러서 짭니다.

크림 안쪽에 작게 자른 찰떡을 넣습니다.

찰떡 위에 연유를 적당히 짭니다.

짝을 맞춰둔 반대쪽 꼬끄로 샌드합니다. 이때 크림이 옆
으로 튀어나오지 않게 적당한 힘으로 누르고, 샌드한 마
카롱은 냉장실에 넣어 크림을 굳힙니다.

크림이 단단하게 굳으면 마카롱 옆면에 데커레이션용
볶음콩가루를 전체적으로 묻혀 장식하면 완성입니다.

말차 초코칩 마카롱

달콤 쌉싸름한 맛으로 마니아층이 확실한 말차 초코칩 마카롱입니다.
진한 말차에 중간 중간 씹히는 초코칩이 먹는 재미를 더해주고 있어요.
녹차로 만들어도 좋지만 색감과 맛을 위해서는 가급적 말차를 사용해주세요.

분량 4.5cm 기준 20개

오븐 180℃ 예열, 145℃ 10~11분

재료 <u>마카롱</u>
그러데이션 마블 마카롱 *꼬끄* 40개, 앙글레즈 버터크림
450g, 말차가루 25g, 초코칩가루 30g, 초코칩 적당량

미리 준비하기

- 그러데이션 마블 마카롱 꼬끄 반죽은 [꼬끄 만들기 : 프렌치 머랭 38p, 스위스 머랭 42p, 이탈리안 머랭 46p]를 참고해 만들고, 모양은 [모양 *꼬끄*① 그러데이션 마블 I, II 50~53p]를 참고해 만듭니다.

- 앙글레즈 버터크림은 28p를 참고해 만들고, 실온의 말랑한 상태로 준비합니다.

- 짤주머니에 809깍지를 끼워 준비합니다.

초록색과 하얀색 색소를 넣어 그러데이션 꼬끄를 만들고 크기가 비슷한 것끼리 짝을 맞춰 한쪽을 뒤집어놓습니다.

볼에 실온의 말랑한 앙글레즈 버터크림을 넣고 풀다가 말차가루와 초코칩가루를 넣고 골고루 섞어줍니다.

809깍지를 끼운 짤주머니에 크림을 담습니다.

짤주머니를 뒤집어둔 꼬끄 위 1cm 높이에 두고, 움직이지 않은 상태에서 그대로 힘을 줘 크림을 물방울 모양으로 짭니다.

크림 위에 초코칩을 적당히 올립니다.

짝을 맞춰둔 반대쪽 꼬끄로 샌드하면 완성입니다. 이때 크림이 옆으로 튀어나오지 않게 적당한 힘으로 누릅니다.

오레오 크림치즈 마카롱

베이킹에 가장 많이 사용되는 과자 중 하나인 오레오를 마카롱에 응용했습니다.
오레오를 사용한 베이킹은 웬만하면 실패하지 않는데요.
이번에도 오레오로 맛있는 마카롱을 만들어보는 건 어떨까요?

분량 4.5cm 기준 20개

오븐 180℃ 예열, 145℃ 10~11분

재료 `마카롱`
그러데이션 마블 마카롱 꼬끄 40개, 앙글레즈 버터크림
225g, 크림치즈 225g, 오레오분태 50g

`데커레이션`
오레오분태

미리 준비하기

• 그러데이션 마블 마카롱 꼬끄 반죽은 [꼬끄 만들기 : 프렌치 머랭 38p, 스위스 머랭 42p, 이탈리안 머랭
46p]를 참고해 만들고, 모양은 [모양 꼬끄① 그러데이션 마블 Ⅰ, Ⅱ 50~53p]를 참고해 만듭니다.

• 앙글레즈 버터크림은 28p를 참고해 만들어둡니다.

• 앙글레즈 버터크림과 크림치즈는 미리 실온에 꺼내두어 말랑한 상태로 만듭니다.

• 짤주머니에 809깍지를 끼워 준비합니다.

검정색과 하얀색 색소를 넣어 그러데이션 꼬끄를 만들고 크기가 비슷한 것끼리 짝을 맞춰 한쪽을 뒤집어놓습니다.

볼에 실온의 말랑한 크림치즈를 넣고 부드럽게 풀어줍니다.

크림치즈에 실온의 말랑한 앙글레즈 버터크림을 넣고 섞습니다.

오레오분태를 넣고 골고루 섞습니다.

809깍지를 끼운 짤주머니에 크림을 담습니다.

짤주머니를 뒤집어둔 꼬끄 위 1cm 높이에 두고, 움직이지 않은 상태에서 그대로 힘을 줘 크림을 물방울 모양으로 짭니다.

짝을 맞춰둔 반대쪽 꼬끄로 샌드합니다. 이때 크림이 옆
으로 튀어나오지 않게 적당한 힘으로 누르고, 샌드한 마
카롱은 냉장실에 넣어 크림을 굳힙니다.

크림이 단단하게 굳으면 마카롱 옆면에 데커레이션용
오레오분태를 붙여 장식하면 완성입니다.

• • • •

파베초코 가나슈 마카롱

진한 초콜릿의 풍미를 느낄 수 있는 파베초코 가나슈 마카롱입니다.
가나슈가 입에서 부드럽게 녹아 차원이 다른 초콜릿을 맛볼 수 있는데요.
이 마카롱은 우유와 먹으면 더욱 맛있어요.

분량 4.5cm 기준 20개

오븐 180℃ 예열, 145℃ 10~11분

재료 [마카롱]
그러데이션 마블 마카롱 꼬끄 40개, 다크커버춰초콜릿
150g, 밀크커버춰초콜릿 100g, 생크림 225g, 버터 25g

미리 준비하기

• 그러데이션 마블 마카롱 꼬끄 반죽은 [꼬끄 만들기 : 프렌치 머랭 38p, 스위스 머랭 42p, 이탈리안 머랭
  46p]를 참고해 만들고, 모양은 [모양 꼬끄① 그러데이션 마블 I , II 50~53p]를 참고해 만듭니다.

• 버터는 미리 실온에 꺼내두어 말랑한 상태로 준비합니다.

• 짤주머니에 809깍지를 끼워 준비합니다.

1

보라색과 하얀색 색소를 넣어 그러데이션 꼬끄를 만들고 크기가 비슷한 것끼리 짝을 맞춰 한쪽을 뒤집어놓습니다. 보라색과 하얀색이 아닌 다른 색으로 만들어도 좋습니다.

2

볼에 다크커버춰초콜릿과 밀크커버춰초콜릿을 넣고 전자레인지 또는 중탕으로 녹입니다.

3

생크림을 90℃로 데워서 준비합니다.

4

녹인 초콜릿에 데운 생크림을 조금씩 부어가면서 섞어 유화시킵니다. 유화가 잘 되면 초콜릿이 매끈해지고 윤기가 생깁니다.

5

초콜릿과 생크림이 충분히 유화됐다면 부드러운 상태의 버터를 넣고 섞어줍니다.

6

버터가 녹으며 잘 섞이면 실온에 두거나 냉장고에 넣어 적당한 농도가 될 때까지 굳힙니다.

Tip. 가나슈를 너무 많이 굳히면 샌드 or 파이핑 할 때 크랙이 생길 수 있으니 살짝 꾸덕한 상태로 굳히세요.

809깍지를 끼운 짤주머니에 가나슈를 담습니다.

짤주머니를 뒤집어둔 꼬끄 위 1cm 높이에 두고, 움직이지 않은 상태에서 그대로 힘을 줘 가나슈를 물방울 모양으로 짭니다.

짝을 맞춰둔 반대쪽 꼬끄로 샌드하면 완성입니다. 이때 가나슈가 옆으로 튀어나오지 않게 적당한 힘으로 누릅니다.

PART 2

[다쿠아즈]
DACQUOISE

다쿠아즈 시트 만들기

다쿠아즈 시트 만드는 방법을 소개합니다.

틀을 이용해 평평한 시트, 통통한 시트, 지그재그 시트, 원형 시트 만드는 방법을 설명하고, 틀 없이 도안을 이용해 원형 시트를 만드는 방법도 수록했습니다.

다쿠아즈 시트를 만들 때는 한 가지 주의할 점이 있는데요. 다쿠아즈 시트는 마카로나주 과정이 없어 마카롱 꼬끄보다 만들기가 쉽지만, 설탕이 적게 들어가기 때문에 머랭이 잘 올라오지 않을 수 있습니다. 그러니 시작하기 전에 모든 재료를 차갑게 준비하도록 합니다.

평평한 시트

분량 16개

오븐 170℃, 10~12분

재료 달걀흰자 80g, 설탕 28g, 아몬드가루 56g, 헤이즐넛가루 34g, 슈가파우더 50g
토핑용 슈가파우더 약간

미리 준비하기

- 모든 재료는 사용하기 전까지 냉장 보관해 차갑게 준비합니다.
- 아몬드가루, 헤이즐넛가루, 슈가파우더는 미리 체에 내려 준비합니다.
- 짤주머니에 804깍지를 끼워 준비합니다.
- 오븐은 170℃로 예열해둡니다.

DACQUOISE TIP

- 다쿠아즈는 마카롱에 비해 설탕이 적게 들어가기 때문에 모든 재료를 차갑게 준비하는 것이 좋습니다.
  재료의 온도가 낮아야 머랭이 더 탄탄하게 올라옵니다.

1

볼에 차가운 상태의 달걀흰자를 넣고 핸드믹서로 가볍게 섞어 알끈을 풀어줍니다.

2

달걀거품이 하얗게 올라오면 설탕의 1/3을 넣고 휘핑합니다.

3

거품이 잘게 올라오면 남은 설탕의 1/2을 넣고 휘핑합니다.

4

거품이 조금 더 단단하게 올라오면 남은 설탕을 모두 넣고 휘핑합니다.

5

머랭이 오버되지 않으면서 단단한 상태가 될 때까지 휘핑합니다. 머랭에 윤기가 나면서 핸드믹서를 들어 올렸을 때 부리가 살짝 휘어지는 정도까지 올립니다.

6

핸드믹서를 저속으로 맞춰 약 1분간 기공정리를 한 다음, 미리 체에 내린 아몬드가루, 헤이즐넛가루, 슈가파우더를 넣고 섞습니다.

7

8

주걱을 아래에서 위로 퍼 올리듯 섞습니다. 머랭이 죽지 않도록 주의하면서 가루 재료를 굴려가며 섞는 것이 중요합니다.

804깍지를 끼운 짤주머니에 반죽을 담습니다.

9

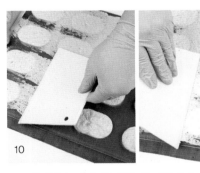

10

테프론시트지 위에 다쿠아즈 틀을 올리고, 틀 안쪽으로 반죽을 빈틈없이 짭니다.

스크래퍼를 눕혀서 틀 위를 긁어냅니다. 긁으면서 윗면을 평평하게 만들고 만약 비어있는 공간이 있다면 반죽을 채워 넣습니다.

11

12

틀을 아래에서부터 천천히 들어 올려서 제거합니다.

분당체를 사용해 토핑용 슈가파우더를 반죽 위에 얇게 뿌립니다.

슈가파우더가 반죽에 스며들면 같은 방법으로 한 번 더 뿌립니다.

170℃로 예열한 오븐에서 10~12분간 굽습니다.

구운 다쿠아즈 시트를 완전히 식힌 후 테프론시트지에서 떼어내면 완성입니다. 바닥에 묻어나지 않고 깔끔하게 떨어지면 잘 구워진 겁니다.

통통한 시트

분량 16개

오븐 170℃, 12~13분

재료 달걀흰자 110g, 설탕 38.5g, 아몬드가루 77g, 헤이즐넛가루 47g, 슈가파우더 68g
토핑용 슈가파우더 약간

미리 준비하기

• 모든 재료는 사용하기 전까지 냉장 보관해 차갑게 준비합니다.

• 아몬드가루, 헤이즐넛가루, 슈가파우더는 미리 체에 내려 준비합니다.

• 오븐은 170℃로 예열해둡니다.

DACQUOISE TIP

• 다쿠아즈는 마카롱에 비해 설탕이 적게 들어가기 때문에 모든 재료를 차갑게 준비하는 것이 좋습니다.
재료의 온도가 낮아야 머랭이 더 탄탄하게 올라옵니다.

• 시트 반죽은 [다쿠아즈 시트 만들기 : 평평한 시트 110p]의 1~7번 과정을 참고합니다.

[다쿠아즈 시트 만들기 : 평평한 시트]를 참고해 반죽을 만들고 짤주머니에 담은 뒤, 앞부분을 지름 2cm 크기로 자릅니다.

테프론시트지 위에 다쿠아즈 틀을 올리고, 짤주머니를 틀 안쪽에서 1cm 뗀 위치에 둔 다음, 힘을 주면서 천천히 짭니다. 끝까지 쭉 짜면서 반죽을 통통하게 채웁니다.

틀을 아래에서부터 천천히 들어 올려서 제거합니다.

분당체를 사용해 토핑용 슈가파우더를 반죽 위에 얇게 뿌립니다. 그다음 슈가파우더가 반죽에 스며들면 같은 방법으로 한 번 더 뿌립니다.

170℃로 예열한 오븐에서 12~13분간 굽고 완전히 식힌 후, 테프론시트지에서 떼어내면 완성입니다. 바닥에 묻어나지 않고 깔끔하게 떨어지면 잘 구워진 겁니다.

지그재그 시트

분량 16개

오븐 170℃, 10~12분

재료 달걀흰자 80g, 설탕 28g, 아몬드가루 56g, 헤이즐넛가루 34g, 슈가파우더 50g
토핑용 슈가파우더 약간

미리 준비하기

- 모든 재료는 사용하기 전까지 냉장 보관해 차갑게 준비합니다.

- 아몬드가루, 헤이즐넛가루, 슈가파우더는 미리 체에 내려 준비합니다.

- 짤주머니에 804깍지를 끼워 준비합니다.

- 오븐은 170℃로 예열해둡니다.

DACQUOISE TIP

- 다쿠아즈는 마카롱에 비해 설탕이 적게 들어가기 때문에 모든 재료를 차갑게 준비하는 것이 좋습니다.
  재료의 온도가 낮아야 머랭이 더 탄탄하게 올라옵니다.

- 시트 반죽은 [다쿠아즈 시트 만들기 : 평평한 시트 110p]의 1~7번 과정을 참고합니다.

[다쿠아즈 시트 만들기 : 평평한 시트]를 참고해 반죽을 만들고, 804깍지를 끼운 짤주머니에 넣습니다.

테프론시트지 위에 다쿠아즈 틀을 올리고, 틀 안쪽으로 반죽을 지그재그 모양으로 짭니다.

틀을 아래에서부터 천천히 들어 올려서 제거합니다.

분당체를 사용해 토핑용 슈가파우더를 반죽 위에 얇게 뿌립니다. 그다음 슈가파우더가 반죽에 스며들면 같은 방법으로 한 번 더 뿌립니다.

170℃로 예열한 오븐에서 10~12분간 굽고 완전히 식힌 후, 테프론시트지에서 떼어내면 완성입니다. 바닥에 묻어나지 않고 깔끔하게 떨어지면 잘 구워진 겁니다.

원형 시트

분량 16개

오븐 170℃, 10~12분

재료 달걀흰자 80g, 설탕 28g, 아몬드가루 56g, 헤이즐넛가루 34g, 슈가파우더 50g
토핑용 슈가파우더 약간

미리 준비하기

• 모든 재료는 사용하기 전까지 냉장 보관해 차갑게 준비합니다.

• 아몬드가루, 헤이즐넛가루, 슈가파우더는 미리 체에 내려 준비합니다.

• 짤주머니에 804깍지를 끼워 준비합니다.

• 오븐은 170℃로 예열해둡니다.

DACQUOISE TIP

• 다쿠아즈는 마카롱에 비해 설탕이 적게 들어가기 때문에 모든 재료를 차갑게 준비하는 것이 좋습니다.
재료의 온도가 낮아야 머랭이 더 탄탄하게 올라옵니다.

• 시트 반죽은 [다쿠아즈 시트 만들기 : 평평한 시트 110p]의 1~7번 과정을 참고합니다.

[다쿠아즈 시트 만들기 : 평평한 시트]를 참고해 반죽을 만들고, 804깍지를 끼운 짤주머니에 넣습니다.

테프론시트지 위에 원형 다쿠아즈 틀을 올리고, 틀 안쪽으로 반죽을 동그랗게 빈틈없이 짭니다.

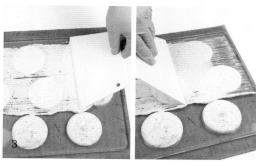

스크래퍼를 눕혀서 틀 위를 긁어냅니다. 긁으면서 윗면을 평평하게 만들고 만약 비어있는 공간이 있다면 반죽을 채워 넣습니다.

틀을 아래에서부터 천천히 들어 올려서 제거합니다.

분당체를 사용해 토핑용 슈가파우더를 반죽 위에 얇게 뿌립니다. 그다음 슈가파우더가 반죽에 스며들면 같은 방법으로 한 번 더 뿌립니다.

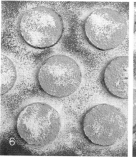

170℃로 예열한 오븐에서 10~12분간 굽고 완전히 식힌 후, 테프론시트지에서 떼어내면 완성입니다. 바닥에 묻어나지 않고 깔끔하게 떨어지면 잘 구워진 겁니다.

틀 없는
원형 시트

분량 16개

오븐 170℃, 10~12분

재료 달걀흰자 80g, 설탕 28g, 아몬드가루 56g, 헤이즐넛가루 34g, 슈가파우더 50g
토핑용 슈가파우더 약간

미리 준비하기

• 모든 재료는 사용하기 전까지 냉장 보관해 차갑게 준비합니다.

• 아몬드가루, 헤이즐넛가루, 슈가파우더는 미리 체에 내려 준비합니다.

• 짤주머니에 804깍지를 끼워 준비합니다.

• 오븐은 170℃로 예열해둡니다.

DACQUOISE TIP

• 다쿠아즈는 마카롱에 비해 설탕이 적게 들어가기 때문에 모든 재료를 차갑게 준비하는 것이 좋습니다.
재료의 온도가 낮아야 머랭이 더 탄탄하게 올라옵니다.

• 시트 반죽은 [다쿠아즈 시트 만들기 : 평평한 시트 110p]의 1~7번 과정을 참고합니다.

유산지 위에 원형틀을 올리고, 틀 모양을 따라 네임펜으로 원을 그립니다. 이때 너무 다닥다닥 붙이지 말고 적당한 간격을 두며 그립니다.

[다쿠아즈 시트 만들기 : 평평한 시트]를 참고해 반죽을 만들고, 804깍지를 끼운 짤주머니에 넣습니다.

테프론시트지 아래에 1번에서 그린 유산지를 깔고 크기에 맞게 롤리팝 모양으로 반죽을 짠 다음, 유산지를 제거합니다.

분당체를 사용해 토핑용 슈가파우더를 반죽 위에 얇게 뿌립니다. 그다음 슈가파우더가 반죽에 스며들면 같은 방법으로 한 번 더 뿌립니다.

170℃로 예열한 오븐에서 10~12분간 굽고 완전히 식힌 후, 테프론시트지에서 떼어내면 완성입니다. 바닥에 묻어나지 않고 깔끔하게 떨어지면 잘 구워진 겁니다.

Chapter 2

다쿠아즈

본격적으로 다쿠아즈를 만들어보겠습니다.
'마카롱 & 다쿠아즈 기초'에 있는 버터크림과 충전물, 그리고 바로 앞에서 배운 '다쿠아즈 시트 만들기'를 참고하면 얼마든지 맛있는 다쿠아즈를 만들 수 있습니다.
다쿠아즈 만들기에 익숙해졌다면 레시피를 응용해 새로운 다쿠아즈를 만들어보세요.
다양한 시도를 통해 나만의 다쿠아즈를 만드는 재미를 느낄 수 있습니다.

• • • •

앙버터 다쿠아즈

달콤한 팥앙금과 고소한 고메버터의 부드러운 조화.
많은 분들의 사랑을 독차지하고 있는 앙버터 다쿠아즈입니다.
만들기가 아주 간단해서 처음 다쿠아즈를 만드는 분께 추천하는 레시피예요.

분량 8개

오븐 170℃, 10~12분

재료 다쿠아즈
평평한 다쿠아즈 시트 16개, 통팥앙금 200g,
고메버터 8조각, 펄솔트 약간

미리 준비하기

• 시트는 [다쿠아즈 시트 만들기 : 평평한 시트 110p]를 참고해 만들어둡니다.

평평한 다쿠아즈 시트를 만들고 크기가 비슷한 것끼리 짝을 맞춰 한쪽을 뒤집어놓습니다. 평평한 모양 시트 이외에 다른 모양으로 만들어도 좋습니다.

통팥앙금을 뒤집어둔 시트에 골고루 바릅니다. 이때 앙금은 버터의 두께만큼 도톰하게 바릅니다.

펄솔트를 통팥앙금 위에 뿌립니다. 펄솔트가 없다면 뿌리지 않아도 좋습니다.

고메버터를 시트 크기에 맞게 자른 다음 올립니다.

짝을 맞춰둔 반대쪽 시트로 샌드하면 완성입니다. 이때 앙금과 버터가 옆으로 튀어나오지 않게 적당한 힘으로 누릅니다.

상큼 레몬 요거트 다쿠아즈

레몬크림을 샌드하고 건조레몬으로 장식해,
보기만 해도 상큼함이 가득한 다쿠아즈입니다.
활력이 필요할 때, 기분전환이 필요할 때 먹으면 아주 좋아요.

분량 8개

오븐 170℃, 12~13분

재료 다쿠아즈

통통한 다쿠아즈 시트 16개, 앙글레즈 버터크림 250g,
요거트가루 30g, 레몬향료 2g, 레몬즙 3g

아이싱

슈가파우더 120g, 레몬즙 20g, 건조레몬

미리 준비하기

• 시트는 [다쿠아즈 시트 만들기 : 통통한 시트 114p]를 참고해 만들어둡니다.

• 앙글레즈 버터크림은 28p를 참고해 만들고, 실온의 말랑한 상태로 준비합니다.

• 짤주머니에 198K(상투과자)깍지를 끼워 준비합니다.

통통한 다쿠아즈 시트를 만들고 크기가 비슷한 것끼리 짝을 맞춰 한쪽을 뒤집어놓습니다. 통통한 모양 시트 이외에 다른 모양으로 만들어도 좋습니다.

볼에 실온의 말랑한 앙글레즈 버터크림과 요거트가루, 레몬향료, 레몬즙을 모두 넣고 골고루 섞습니다.

198K(상투과자)깍지를 끼운 짤주머니에 크림을 담습니다.

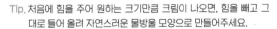

짤주머니를 뒤집어둔 시트 위에서 수직으로 잡고, 크림을 작은 물방울 모양으로 여러 개 짭니다.

Tip. 처음에 힘을 주어 원하는 크기만큼 크림이 나오면, 힘을 빼고 그대로 들어 올려 자연스러운 물방울 모양으로 만들어주세요.

짝을 맞춰둔 반대쪽 시트로 샌드합니다. 이때 크림이 옆으로 튀어나오지 않게 적당한 힘으로 누릅니다.

슈가파우더와 레몬즙을 덩어리가 없도록 잘 섞어 아이싱을 만듭니다.

7

아이싱을 짤주머니에 넣고 뒷면을 묶어 새어나오지 않
도록 합니다.

8

짤주머니의 앞부분을 작게 자른 다음, 시트 윗면에 원을
그리며 비어있는 부분이 없도록 짭니다.

9

아이싱이 굳기 전에 건조레몬을 올리면 완성입니다.

청포도 요거트 다쿠아즈

달콤 상큼한 청포도를 품은 다쿠아즈입니다.
폭신한 시트를 깨물면 그 안에서 청포도가 톡 터지면서 존재감을 드러내는데요.
상큼함보다 달콤함을 더 느끼고 싶다면 청포도 대신 샤인머스캣을 넣어도 좋아요.

분량 8개

오븐 170℃, 10~12분

재료 `다쿠아즈`
평평한 다쿠아즈 시트 16개, 앙글레즈 버터크림 250g,
요거트가루 35g, 청포도향료 3g, 생과일 청포도 16알

미리 준비하기

- 시트는 [다쿠아즈 시트 만들기 : 평평한 시트 110p]를 참고해 만들어둡니다.
- 앙글레즈 버터크림은 28p를 참고해 만들고, 실온의 말랑한 상태로 준비합니다.
- 짤주머니에 804깍지를 끼워 준비합니다.

평평한 다쿠아즈 시트를 만들고 크기가 비슷한 것끼리 짝을 맞춰 전부 뒤집어놓습니다. 평평한 모양 시트 이외에 다른 모양으로 만들어도 좋습니다.

볼에 실온의 말랑한 앙글레즈 버터크림과 요거트가루, 청포도향료를 넣고 골고루 섞습니다.

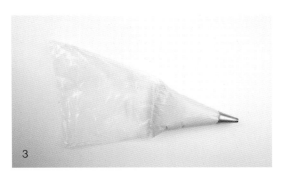

804깍지를 끼운 짤주머니에 크림을 담습니다.

짤주머니를 뒤집어둔 시트 위에서 수직으로 잡고, 둥글게 원을 그리며 크림을 적당히 짭니다. 모든 시트에 동일하게 짭니다.

한쪽 시트 위에 생과일 청포도를 두 알씩 올립니다.

짝을 맞춰둔 반대쪽 시트로 샌드하면 완성입니다. 이때 크림과 청포도가 튀어나오지 않게 적당한 힘으로 누릅니다.

生딸기우유 다쿠아즈

시트 사이에 크림을 넣고 샌드하는 기존의 다쿠아즈와는 달리
시트에 띠지를 두르고 딸기와 크림을 쌓아올려 마치 미니 케이크와 같은 모양의 다쿠아즈입니다.
깔끔하면서도 앙증맞은 모양에 선물용으로도 아주 좋답니다.

분량 9개

오븐 170℃, 10~12분

재료 다쿠아즈

원형 다쿠아즈 시트 18개, 파트아봄브 버터크림 450g,
탈지분유 30g, 딸기잼 45g, 딸기향료 2g, 빨간색
색소 1방울, 생과일 딸기 적당량, 자투리시트 적당량

미리 준비하기

- 시트는 [다쿠아즈 시트 만들기 : 원형 시트 118p]를 참고해 만들어둡니다.

- 파트아봄브 버터크림은 27p, 딸기잼은 30p를 참고해 만들고, 실온의 말랑한 상태로 준비합니다.

- 띠지는 시트 둘레보다 조금 여유 있게 잡고, 높이는 5cm 정도로 잘라 준비합니다.

- 짤주머니에 804깍지를 끼워 준비합니다.

원형의 다쿠아즈 시트를 만들고 크기가 비슷한 것끼리 짝을 맞춰 한쪽을 뒤집어놓습니다.

원형 시트에 미리 준비한 띠지를 둘러줍니다. 이때 시트의 윗면이 보이게 놓고 띠지를 두릅니다.

생딸기는 깨끗이 씻은 다음 키친타월 위에 올려 물기를 제거합니다. 다쿠아즈 안에 들어갈 딸기는 반으로 자르고, 장식용 딸기는 원형 그대로 준비합니다.

볼에 실온의 말랑한 파트아봄브 버터크림과 탈지분유, 딸기잼, 딸기향료, 빨간색 색소를 넣고 골고루 섞습니다.

804깍지를 끼운 짤주머니에 크림을 담습니다.

크림을 시트 위에 얇게 짭니다. 깍지의 끝부분을 띠지와 맞닿은 시트의 가장자리에 놓고 한 바퀴를 두른 다음 가운데를 채우듯 짭니다.

3번에서 준비한 딸기를 단면이 보이도록 띠지 벽면에 빙 둘러서 붙입니다.

딸기 가운데의 빈 공간에 크림을 반 정도만 채웁니다.

짝이 맞지 않거나 잘못 구운 시트를 잘게 잘라서 크림 위에 올립니다.

크림으로 딸기와 자투리시트 사이사이를 채웁니다.

뚜껑이 될 시트로 그 위를 덮습니다. 세게 누르지 말고 살짝 올린다는 느낌으로 덮으면 됩니다.

장식용 딸기에 크림을 살짝 짠 다음 시트 위에 붙이면 완성입니다.

고구마케이크 다쿠아즈

질리지 않는 달콤함으로 남녀노소에게 사랑받는 고구마를 다쿠아즈에 넣어 보았습니다.
페이스트를 듬뿍 넣어 고구마의 맛과 향을 강하게 느낄 수 있는데요.
여기에 고구마를 큐브 모양으로 잘라 넣으면 식감까지 높일 수 있어요.

분량   8개

오븐   170℃, 12~13분

재료   고구마페이스트
군고구마 200g, 설탕 60g, 소금 2g, 꿀 40g

다쿠아즈
통통한 다쿠아즈 시트 16개, 파트아봄브 버터크림 200g,
고구마페이스트 100g, 충전용 고구마페이스트 적당량

데커레이션
카스텔라가루

미리 준비하기

• 시트는 [다쿠아즈 시트 만들기 : 통통한 시트 114p]를 참고해 만들어둡니다.

• 파트아봄브 버터크림은 27p를 참고해 만들고, 실온의 말랑한 상태로 준비합니다.

• 짤주머니에 809깍지를 끼워 준비합니다.

• 카스텔라가루는 시판용 카스텔라의 윗부분을 제거한 다음, 고운체에 긁어내려서 준비합니다.

고구마페이스트를 만들기 위해 군고구마를 준비합니다.

Tip. 삶은 고구마보다 군고구마가 훨씬 더 단맛이 나요.

고구마를 완전히 으깬 다음, 설탕과 소금, 꿀을 넣고 골고루 섞습니다.

크림에 들어갈 고구마페이스트 100g을 제외한 나머지는 짤주머니에 넣어 준비합니다.

통통한 다쿠아즈 시트를 만들고 크기가 비슷한 것끼리 짝을 맞춰 한쪽을 뒤집어놓습니다. 통통한 모양 시트 이 외에 다른 모양으로 만들어도 좋습니다.

볼에 실온의 말랑한 파트아봄브 버터크림과 고구마페이스트를 넣고 골고루 섞습니다.

809깍지를 끼운 짤주머니에 크림을 담습니다.

뒤집어둔 시트 위에 크림을 지그재그로 짭니다.

크림 위에 3번의 고구마페이스트를 마찬가지로 지그재그로 짭니다.

짝을 맞춰둔 반대쪽 시트로 샌드합니다. 이때 크림이 옆으로 튀어나오지 않게 적당한 힘으로 누르고, 샌드한 다쿠아즈는 냉장실에 넣어 크림을 굳힙니다.

크림이 단단하게 굳으면 다쿠아즈 옆면에 카스텔라가루를 전체적으로 묻혀 장식하면 완성입니다.

통밤 몽블랑 다쿠아즈

달달하고 진한 밤 맛으로 자꾸만 손이 가는 몽블랑 다쿠아즈입니다.
원래 몽블랑은 높게 짠 크림이 알프스 산맥의 '몽블랑산'과 닮았다고 해서 이름 붙여졌는데요.
여기에서는 크림을 높게 짜는 것 대신 통밤으로 산의 봉우리를 표현했어요.

분량 8개

오븐 170℃, 10~12분

재료 [다쿠아즈]
지그재그 다쿠아즈 시트 16개, 파트아봄브 버터크림
200g, 밤스프레드 100g

[데커레이션]
통밤

미리 준비하기

• 시트는 [다쿠아즈 시트 만들기 : 지그재그 시트 116p]를 참고해 만들어둡니다.

• 파트아봄브 버터크림은 27p를 참고해 만들어둡니다.

• 파트아봄브 버터크림과 밤스프레드는 미리 실온에 꺼내두어 말랑한 상태로 만듭니다.

• 짤주머니에 867K(12별)깍지를 끼워 준비합니다.

지그재그 다쿠아즈 시트를 만들고 크기가 비슷한 것끼리 짝을 맞춰 한쪽을 뒤집어놓습니다. 지그재그 모양 시트 이외에 다른 모양으로 만들어도 좋습니다.

볼에 실온의 말랑한 파트아봄브 버터크림과 밤스프레드를 넣고 골고루 섞습니다.

867K(12별)깍지를 끼운 짤주머니에 크림을 담습니다.

뒤집어둔 시트 위에 크림을 지그재그로 짭니다.

짝을 맞춰둔 반대쪽 시트로 샌드합니다. 이때 크림이 옆으로 튀어나오지 않게 적당한 힘으로 누르고 데커레이션용 통밤을 붙이면 완성입니다.

넛츠캐러멜 다쿠아즈

고소한 견과류에 달달한 캐러멜을 묻힌 넛츠캐러멜이 다쿠아즈와 만났습니다.
넛츠캐러멜은 베이킹에 다양하게 응용할 수 있음은 물론 그냥 먹어도 맛있으니
이번 기회에 잘 만들어서 활용해보세요.

분량 8개

오븐 170℃, 10~12분

재료 넛츠캐러멜
설탕 100g, 물 35g, 통아몬드 60g, 통헤이즐넛 60g,
통마카다미아 60g

다쿠아즈
평평한 다쿠아즈 시트 16개, 파트아봄브 버터크림
250g, 캐러멜소스 70g, 충전용 캐러멜소스 적당량

미리 준비하기

• 시트는 [다쿠아즈 시트 만들기 : 평평한 시트 110p]를 참고해 만들어둡니다.

• 파트아봄브 버터크림은 27p, 캐러멜소스는 32p를 참고해 만들고, 실온의 말랑한 상태로 준비합니다.

• 짤주머니에 804깍지를 끼워 준비합니다.

넛츠캐러멜을 만듭니다. 냄비에 설탕과 물을 넣고 설탕이 녹을 때까지 끓여서 시럽 형태로 만듭니다.

시럽이 바글바글 끓으면 준비한 견과류를 모두 넣고, 주걱으로 저으면서 시럽을 골고루 묻힙니다.

계속 가열하면서 견과류에 하얗게 시럽결정화가 생길 때까지 충분히 볶습니다.

결정화된 시럽이 다시 열을 받아 캐러멜화가 될 때까지 계속 볶습니다.

캐러멜화가 된 견과류를 테프론시트지 위에 붓고 펼쳐서 충분히 식히면 넛츠캐러멜이 완성됩니다.

평평한 다쿠아즈 시트를 만들고 크기가 비슷한 것끼리 짝을 맞춰 한쪽을 뒤집어놓습니다. 평평한 모양 시트 이외에 다른 모양으로 만들어도 좋습니다.

7

볼에 실온의 말랑한 파트아봄브 버터크림과 캐러멜소스를 넣고 골고루 섞습니다.

8

804깍지를 끼운 짤주머니에 크림을 담습니다.

9

뒤집어둔 시트의 둘레를 따라 크림을 두 줄로 짜고, 가운데에는 한 줄만 채웁니다.

10

가운데 한 줄만 채운 크림 위에 충전용 캐러멜소스를 넣습니다.

11

짝을 맞춰둔 반대쪽 시트로 샌드합니다. 이때 크림이 옆으로 튀어나오지 않게 적당한 힘으로 누릅니다.

12

5번의 넛츠캐러멜에 충전하고 남은 캐러멜소스를 살짝 짠 다음 시트 위에 붙이면 완성입니다.

카페라테 다쿠아즈

은은한 커피향이 매력적인 카페라테 다쿠아즈입니다.
에스프레소와 탈지분유가 들어가 진짜 카페라테와 같은 맛을 느낄 수 있어요.
피곤한 오후, 달달한 다쿠아즈로 카페인 충전 어떠세요?

분량 8개

오븐 170℃, 12~13분

재료 　다쿠아즈

통통한 다쿠아즈 시트 16개, 앙글레즈 버터크림 250g,
에스프레소 1샷, 커피엑기스 10g, 탈지분유 30g

미리 준비하기

- 시트는 [다쿠아즈 시트 만들기 : 통통한 시트 114p]를 참고해 만들어둡니다.
- 앙글레즈 버터크림은 28p를 참고해 만들고, 실온의 말랑한 상태로 준비합니다.
- 짤주머니에 809깍지를 끼워 준비합니다.

통통한 다쿠아즈 시트를 만들고 크기가 비슷한 것끼리 짝을 맞춰 한쪽을 뒤집어놓습니다. 통통한 모양 시트 이외에 다른 모양으로 만들어도 좋습니다.

볼에 실온의 말랑한 앙글레즈 버터크림과 에스프레소, 커피엑기스, 탈지분유를 넣고 골고루 섞습니다.

809깍지를 끼운 짤주머니에 크림을 담습니다.

뒤집어둔 시트 위에 크림을 지그재그로 짭니다.

짝을 맞춰둔 반대쪽 시트로 샌드하면 완성입니다. 이때 크림이 옆으로 튀어나오지 않게 적당한 힘으로 누릅니다.

피스타치오 다쿠아즈

초록색의 싱그러움이 가득한 피스타치오 다쿠아즈입니다.
듬뿍 들어간 페이스트로 고소한 맛을 더하고,
피스타치오분태를 뿌려 씹는 재미까지 생각했어요.

분량 8개

오븐 170℃, 10~12분

재료 다쿠아즈

평평한 다쿠아즈 시트 16개, 앙글레즈 버터크림
250g, 피스타치오페이스트 80g, 충전용 피스타치
오페이스트 적당량, 충전용 피스타치오분태 적당량

미리 준비하기

• 시트는 [다쿠아즈 시트 만들기 : 평평한 시트 110p]를 참고해 만들어둡니다.

• 앙글레즈 버터크림은 28p를 참고해 만들어둡니다.

• 앙글레즈 버터크림과 피스타치오페이스트는 미리 실온에 꺼내두어 말랑한 상태로 만듭니다.

• 짤주머니에 804깍지를 끼워 준비합니다.

평평한 다쿠아즈 시트를 만들고 크기가 비슷한 것끼리 짝을 맞춰 한쪽을 뒤집어놓습니다. 평평한 모양 시트 이외에 다른 모양으로 만들어도 좋습니다.

볼에 실온의 말랑한 앙글레즈 버터크림과 피스타치오페이스트를 넣고 골고루 섞습니다.

804깍지를 끼운 짤주머니에 크림을 담습니다.

뒤집어둔 시트의 둘레를 따라 크림을 두 줄로 짜고, 가운데에는 한 줄만 채웁니다.

짤주머니에 충전용 피스타치오페이스트를 넣고 앞부분을 조금만 자릅니다.

가운데 한 줄만 채운 크림 위에 충전용 피스타치오페이스트를 넣습니다.

충전용 피스타치오분태를 골고루 뿌립니다.

짝을 맞춰둔 반대쪽 시트로 샌드하면 완성입니다. 이때 크림이 옆으로 튀어나오지 않게 적당한 힘으로 누릅니다.

흑임자 인절미 다쿠아즈

고소한 흑임자와 볶은 콩가루로 특별한 다쿠아즈를 만들었습니다.
일반적인 다쿠아즈보다 단맛이 덜한 대신 고소함이 가득해
아이는 물론 어른들의 입맛까지 사로잡을 거예요.

분량 8개

오븐 170℃, 12~13분

재료 **다쿠아즈**
통통한 다쿠아즈 시트 16개, 파트아봄브 버터크림 250g,
흑임자페이스트 25g, 흑임자가루 20g, 찰떡 8조각

데커레이션
볶음콩가루

미리 준비하기

- 시트는 [시트 만들기 : 통통한 시트 114p]를 참고해 만들어둡니다.

- 파트아봄브 버터크림은 27p를 참고해 만들어둡니다.

- 파트아봄브 버터크림과 흑임자페이스트는 미리 실온에 꺼내두어 말랑한 상태로 만듭니다.

- 짤주머니에 804깍지를 끼워 준비합니다.

1

통통한 다쿠아즈 시트를 만들고 크기가 비슷한 것끼리 짝을 맞춰 한쪽을 뒤집어놓습니다. 통통한 모양 시트 이외에 다른 모양으로 만들어도 좋습니다.

2

볼에 실온의 말랑한 파트아봄브 버터크림과 흑임자페이스트, 흑임자가루를 넣고 골고루 섞습니다.

3

804깍지를 끼운 짤주머니에 크림을 담습니다.

4

뒤집어둔 시트의 둘레를 따라 크림을 두 줄로 짭니다.

5

크림 가운데에 찰떡을 1개씩 넣어줍니다.

6

찰떡을 넣고 남은 빈곳에 크림을 채웁니다.

7

짝을 맞춰둔 반대쪽 시트로 샌드합니다. 이때 크림이 옆으로 튀어나오지 않게 적당한 힘으로 누르고, 샌드한 다쿠아즈는 냉장실에 넣어 크림을 굳힙니다.

8

크림이 단단하게 굳으면 다쿠아즈 옆면에 볶음콩가루를 전체적으로 묻혀 장식하면 완성입니다.

화이트말차 다쿠아즈

화이트초콜릿과 말차가 만나 깔끔한 맛을 자랑하는 다쿠아즈입니다.
초콜릿의 달콤함과 말차의 쌉쌀함이 아주 잘 어울려요.

분량 8개

오븐 170℃, 10~12분

재료 다쿠아즈
지그재그 다쿠아즈 시트 16개, 화이트커버춰초콜릿
200g, 말차가루 4g, 생크림 100g, 무염버터 100g

데커레이션
화이트초콜릿 8개

미리 준비하기

• 시트는 [다쿠아즈 시트 만들기 : 지그재그 시트 116p]를 참고해 만들어둡니다.

• 짤주머니에 809깍지를 끼워 준비합니다.

지그재그 다쿠아즈 시트를 만들고 크기가 비슷한 것끼리 짝을 맞춰 한쪽을 뒤집어놓습니다. 지그재그 모양 시트 이외에 다른 모양으로 만들어도 좋습니다.

화이트커버춰초콜릿과 말차가루를 함께 계량하고, 생크림과 무염버터를 함께 계량해서 준비합니다.

생크림과 무염버터를 전자레인지나 중탕으로 따뜻하게 녹입니다.

초콜릿과 말차가루를 담은 곳에 3번을 붓고, 충분히 녹을 수 있도록 1분간 놔둡니다.

핸드블렌더를 사용해 재료들이 서로 완전히 유화될 때까지 섞습니다.

유화가 잘 되었다면 냉장고 또는 실온에 두고 원하는 농도가 나올 때까지 굳힙니다. 주걱을 들어 올렸을 때 크림이 큰 삼각형을 그리며 떨어지면 됩니다.

7

809깍지를 끼운 짤주머니에 크림을 담습니다.

8

뒤집어둔 시트 위에 크림을 지그재그로 짭니다.

9

짝을 맞춰둔 반대쪽 시트로 샌드합니다. 이때 크림이 옆으로 튀어나오지 않게 적당한 힘으로 누릅니다.

10

데커레이션용 화이트초콜릿에 분량 외의 녹인 초콜릿을 살짝 짠 다음 시트 위에 붙이면 완성입니다.

얼그레이 쇼콜라 다쿠아즈

얼그레이의 향긋함이 가득 담긴 다쿠아즈입니다.
나른한 오후, 따뜻한 차 한 잔과 얼그레이 쇼콜라 다쿠아즈로
오후를 더욱 활기차게 만들어 보세요.

분량 8개

오븐 170℃, 10~12분

재료 다쿠아즈
평평한 다쿠아즈 시트 16개, 밀크커버춰초콜릿
200g, 생크림 150g, 무염버터 50g, 얼그레이잎차 3g

데커레이션
코팅화이트초콜릿, 파에테포요틴

미리 준비하기

• 시트는 [다쿠아즈 시트 만들기 : 평평한 시트 110p]를 참고해 만들어둡니다.

• 짤주머니에 867K(12별)깍지를 끼워 준비합니다.

1

평평한 다쿠아즈 시트를 만들고 크기가 비슷한 것끼리 짝을 맞춰 한쪽을 뒤집어놓습니다. 평평한 모양 시트 이외에 다른 모양으로 만들어도 좋습니다.

2

생크림과 무염버터, 얼그레이잎차는 함께 계량하고, 밀크커버춰초콜릿은 따로 계량해서 준비합니다.

3

생크림과 무염버터, 얼그레이잎차를 전자레인지나 중탕으로 따뜻하게 녹인 다음, 충분히 우러나도록 10분간 놔둡니다. 그다음 다시 전자레인지로 데웁니다.

4

초콜릿을 담은 곳에 3번을 체에 걸러서 붓고, 충분히 녹을 수 있도록 1분간 놔둡니다.

5

핸드블렌더를 사용해 재료들이 서로 완전히 유화될 때까지 섞습니다.

6

유화가 잘 되었다면 냉장고 또는 실온에 두고 원하는 농도가 나올 때까지 굳힙니다.

7

8

867K(12별)깍지를 끼운 짤주머니에 크림을 담습니다.

뒤집어둔 시트 위에 크림을 조금씩 짧게 끊어서 물방울 모양으로 여러 개 짭니다.

9

10

짝을 맞춰둔 반대쪽 시트로 샌드합니다. 이때 크림이 옆으로 튀어나오지 않게 적당한 힘으로 누르고, 샌드한 다쿠아즈는 냉장실에 넣어 크림을 굳힙니다.

크림이 단단하게 굳으면 데커레이션용 코팅화이트초콜릿을 녹여 다쿠아즈의 한쪽에 묻히고, 파에테포요틴을 붙여서 장식하면 완성입니다.

일상에 달콤함을 더하는 라쁘띠의 디저트 타임

마카롱 & 다쿠아즈

초 판 발 행 일	2020년 07월 10일
발 행 인	박영일
책 임 편 집	이해욱
저 자	정인서
편 집 진 행	강현아
표 지 디 자 인	박수영
편 집 디 자 인	신해니
발 행 처	시대인
공 급 처	(주)시대고시기획
출 판 등 록	제 10-1521호
주 소	서울시 마포구 큰우물로 75 [도화동 538 성지 B/D] 9F
전 화	1600-3600
팩 스	02-701-8823
홈 페 이 지	www.sidaegosi.com
I S B N	979-11-254-7384-8[13590]
정 가	14,000원

※이 책은 저작권법에 의해 보호를 받는 저작물이므로, 동영상 제작 및 무단전재와 복제, 상업적 이용을 금합니다.
※이 책의 전부 또는 일부 내용을 이용하려면 반드시 저작권자와 (주)시대고시기획 · 시대인의 동의를 받아야 합니다.
※잘못된 책은 구입하신 서점에서 바꾸어 드립니다.

시대인은 종합교육그룹 (주)시대고시기획 · 시대교육의 단행본 브랜드입니다.

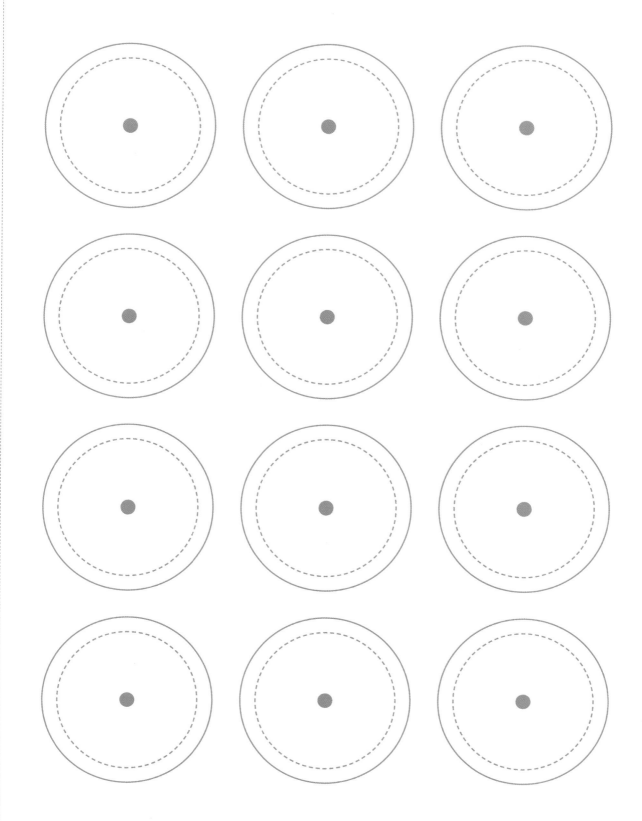